BIBLIOTHÈQUE DU CULTIVATEUR.



# LES INSTRUMENTS PERFECTIONNÉS DE L'AGRICULTURE

Par

A. VASSE aîné.

DOUAI

LUCIEN CRÉPIN, ÉDITEUR

FOURNISSEUR DE LA FACULTÉ DE DOUAI

32, Rue des Procureurs, 32.

— 1866 —

LES

# INSTRUMENTS PERFECTIONNÉS

## DE L'AGRICULTURE.

L'histoire des progrès accomplis est un renseignement utile dans la voie des progrès à poursuivre.

### I.

Il me prend envie, ami lecteur, de vous conduire, à travers les âges, à la recherche des perfectionnements qui ont été successivement apportés dans les instruments de la ferme. Cette œuvre pourrait vous paraître fastidieuse, et le voyage que je vous propose aurait pour vous peu d'attraits, si vous alliez en supputer les perspectives sur les perfectionnements inscrits par milliers dans les catalogues de nos exhibitions. Je n'aurai ni la patience ni les renseignements suffisants pour faire passer devant vous ces milliers de perspectives. Elles font l'orgueil des générations qui les voient naître, et puis elles s'en vont avec elles dormir dans la tombe. Nous n'avons pas l'intention de les évoquer. Nous n'en voulons qu'aux perfectionnements qui ont traversé les générations précédentes, et aux perfectionnements que nous croyons nés pour traverser les générations qui nous succéderont. Ceux-là sont assez peu nombreux pour que la multiplicité des perspectives n'effraie personne.

L'histoire de ces perfectionnements nous familiarisera, d'ailleurs, pour notre plus grand avantage, avec les exigences de l'époque actuelle, qui ne sont pas toujours suffisamment comprises Je m'explique bien vîte par un exemple.

Lorsque la terre était large pour tous, il suffisait d'ouvrir ou de fendre le sol pour le rendre capable de produire amplement pour les besoins et la satisfaction de tous. Les écrivains de l'ancienne Rome ne s'expriment pas autrement à propos des labours donnés au sol. La charrue se réduisait au soc et à l'âge. C'est la classique charrue de Virgile. Je pourrais vous citer plus d'un canton, en France, où l'on n'a pas rejeté cette forme primitive. Vous ne chercherez pas ces cantons parmi les plus peuplés.

Lorsque la terre devint moins large, pour des populations se multipliant dans les limites anciennes, pour des populations plus exigeantes en fait de besoins à satisfaire, il fallut gagner en profondeur ce qu'on perdait en largeur. Il ne fut plus suffisant d'ouvrir ou de fendre le sol. Il fallut le retourner, et l'apparition des charrues à versoir fut saluée comme un perfectionnement. Le sol ne fut plus seulement ouvert ou fendu : il fut retourné. L'époque exigeait qu'il fut logé, dans la même étendue de terrain, un plus grand nombre de racines. Il n'y avait qu'un moyen de résoudre le problême, c'était de les enfoncer davantage ; et en retournant le sol plus profondément, on donnait à la terre la saveur qui convient à l'appétance des racines. Elles s'enfoncèrent davantage. L'arbre que vous appelez un orme s'accommode assez bien des terres de marais, mais ses racines ne pénètrent jamais dans l'argile imperméable qui fait le sous-sol des marais. La même espèce d'arbres se plaît également bien dans les terrains profonds argilo-sabloneux que nous appelons des terres à blé. Mais la disposition des racines n'est plus la même. Il arrive au vent de renverser l'orme des marais avec la motte de terre engagée dans ses racines, et vous admirez leur énorme extension en largeur. Le chêne de La Fontaine devait être tout près du marais où vivait l'humble roseau. Dans le sol argileux profond, l'orme résiste à l'ouragan sans être déraciné, et s'il vous arrive d'assister aux travaux de l'homme qui découvre ses racines, vous admirez leur prodigieux enfoncement. Donc, la même plante peut gagner en extension de ses racines, dans la profondeur, ce qu'elle perd dans la largeur. Les ormes pourraient être plus rapprochés dans le sol argileux que dans le marais. Donc, il était rationnel de demander à la profondenr du sol préparé, une compensation de ce qu'il perdait en largeur. Si on n'y est pas arrivé par le raisonnement, on y est arrivé par l'instinct de l'art agricole. Le résultat est le même.

J'en reviens pour achever de me faire comprendre, aux exigences de l'époque actuelle. Les Romains ne préparaient pour les racines de leurs plantes rurales, que la couche superficielle du sol. Donnons-lui le nom de premier étage. Leurs successeurs, avec leur charrue à versoir, ont approprié, pour ces mêmes racines, un second étage. Nous en sommes aujourd'hui à nous ingénier afin d'ajouter à cette habitation des plantes, un troisième étage. Cette préoccupation n'est pas un caprice, elle est forcément et régulièrement suscitée par la nécessité de tenir le rendement des terres à la hauteur des valeurs incessamment croissantes de la terre et de la main-d'œuvre. L'histoire des charrues ne peut que remuer ces idées et les rendre fécondes.

Quant au choix à faire entre les perfectionnements apportés par la génération, afin de les recommander à l'attention des cultivateurs, il est bien entendu qu'il doit être et sera très-limité. Si j'avais vécu dans le siècle dernier, j'aurais pu, avancer, sans crainte d'être démenti par l'histoire des générations postérieures, que le moulin à vanner survivrait à la génération qui l'avait importé de la Chine. Hé bien ! dans les temps présents, il y a plusieurs instruments récemment nés qui n'ont pas un moins bel avenir à espérer. Ils auront leur place dans le morceau d'histoire de l'agriculture que je me propose de poursuivre.

## II.

Nous nous sommes proposé de poursuivre à travers les siècles l'histoire de quelques-uns des perfectionnements apportés dans le travail agricole. Ces perfectionnements se sont le plus souvent révélés par des modifications apportées dans les instruments de travail. C'est à ce titre que nous allons passer en revue plusieurs de ces modifications.

## LA CHARRUE.

C'est l'instrument le plus important des cultures. C'est aussi le premier dans l'ordre des temps. Il se composa d'abord, et il fut longtemps composé de trois parties, que nous retrouvons dans nos charrues d'aujourd'hui, sous les noms de flèche ou d'age ou de haie, de sep ou de soc. Il suffisait pour fendre et pour ouvrir le sol. Il n'en fallait pas davantage pour satisfaire aux besoins et aux désirs de son époque. Les civilisations égyptiennes, grecques et romaines ont été assez avancées pour perfectionner cet instrument dans le sens des perfectionnements postérieurs, si ces perfectionnements s'étaient fait désiser. D'où vient cette quiétude à propos d'un travail qui nous serait, à nous, tout à fait insuffisant? Elle peut provenir de deux causes : 1° les peuples civilisés de l'histoire ancienne occupaient les régions chaudes de l'ancien monde. Les parties efficaces de la pourriture organique y passent avec une rapidité excessive par toutes les transformations qui aboutissent à l'état de salpêtre, dernier terme de ces mêmes transformations, et la plus appropriée en même temps pour l'alimentation des plantes. La pratique du lessivage des terres pour en retirer le salpêtre est antérieure en Egypte, dans les Indes et en Chine, aux temps historiques. La fabrication de la poudre, celle des feux grégeois n'ont pas été inventées dans nos contrées. Nos terres ne suent pas assez le nitre pour que nous en fassions un instrument de jeux.

2° L'empire romain étendait continuellement ses conquêtes. Les terres des vaincus devenaient la propriété des vainqueurs. Son peuple se répandait avec un entraînement remarquable sur les terres conquiquises. Le sol ne lui manquait pas. Ses cultures pouvaient être larges. Elles n'avaient pas besoin d'être profondes. Cette dernière observation est tellement vraie, que dans aucun des enseignements agricoles laissés par les Romains, il n'est fait mention de la profondeur à laquelle on doit labourer le sol. Ce n'était pas un soucis pour eux. C'en est un grand pour nous. Voilà pourquoi la suite des temps a fait apporter à leur charrue les modifications que nous allons dire.

L'addition des oreilles est la première modification apportée dans la construction de la charrue primitive. Quant à la première forme de ces oreilles, on la devine suffisamment, faute de description et de dessin, par les premiers usages de la nouvelle charrue. Elle fut recommandée, c'était vers le commencement de l'ère chrétienne, pour l'enfouissage des grains au moment des semailles. Elle devait ressembler à notre binot. Nous n'osons pas donner à ces oreilles le nom de versoirs : ce n'est pas trop présumer de la sagacité de l'époque correspondante, que de leur attribuer en même temps l'emploi de cette charrue pour mettre en billons les terres non emblavées. C'était un moyen de multiplier la surface du sol, pour le soumettre avec plus de profit à l'action des agents de fertilisation que l'air, la lumière et l'humidité moyenne ne manquent pas de développer dans les terres soumises à leur influence. C'était un premier progrès dans le travail des terres par la charrue. Il n'a pas cessé d'être recommandable pour celles de nos cultures qui ne sont pas trop pressées par la succession des emblavures.

Le blé d'une jachère bien soignée par les façons répétées du binot, est toujours plus raide, plus dur à la sape, qu'un blé succédant dans la même pièce de terre à une culture d'œillettes faite dans de bonnes conditions, avec engrais très-suffisant, les deux blés étant également bons. J'en ai rencontré la preuve.

Le coutre ou couteau que portent invariablement nos charrues modernes, est venu s'implanter à demeure dans la flèche, lorsque le sep était déjà garni de ses oreilles. Toutefois, afin qu'il ne soit pas forfait au proverbe : « *Rien de nouveau sous le soleil,* » le coutre s'est montré dans une seule des images des charrues laissées par l'antiquité grecque. Il fait défaut dans les images des charrues romaines quoiqu'il soit mentionné, comme instrument rare, par quelques auteurs. Il devait avoir en effet fort peu de valeur pour des labours superficiels, et réciproquement l'abandon dans lequel il est laissé vient nous fournir une preuve nouvelle, à côté des autres preuves précédemment développées, à propos de l'appréciation que nous faisons de ces labours. La terre fut d'abord simplement fendue et ouverte par la charrue primitive. Elle fut remuée avec avantage par la charrue garnie d'oreilles. Voilà pour l'époque qui finit avec l'empire de Rome.

Il y eut pour cet empire une longue agonie, et le monde fut comme rajeuni. Il faut traverser plusieurs siècles avant de retrouver des fastes de l'agriculture, et ce ne sont plus des écrivains romains qui les racontent. Le siége du nouveau progrès agricole est dans les Flandres, nos flamands écrivent peu ou leurs livres passent peu à la postérité. Mais le progrès agricole rayonne des Flandres dans les pays voisins, et on leur fait honneur des modifications apportées à la charrue. Cette charrue devient un instrument à retourner la terre. Le versoir prend naissance, en remplaçant les oreilles, et le coutre fait partie de tous les modèles de charrue.

## III.

On s'accorde parfaitement, dans nos campagnes, pour donner aux trois parties primitives de la charrue, des noms à étymologie latine. Il n'en est pas de même pour les autres parties : le coutre, le versoir et le patin. Si la langue de Paris, qui est devenue la langue française, impose peu à peu ses dénominations d'origine latine, c'est pour les faire succéder à des dénominations d'origine flamande, qui constatent le droit de propriété des inventeurs.

Au lieu de la charrue romaine, qui se bornait à fendre et à ouvrir le sol, nous avons, avec l'agriculture flamande, une charrue qui le retourne. Quelle est la raison d'être pour la nouvelle pratique ?

Nous avons échangé, en passant au nouveau siége des cultures modèles, le climat chaud et sec du centre de l'ancien monde, contre le climat froid et humide de la Flandre.

La salpêtration incessante et abondante du sol n'est plus un fait fatal que le cultivateur peut être dispensé de solliciter. Ce n'est plus que dans les lieux couverts ou abrités qu'il se produit spontanément. Les saisons chaudes et sèches de l'Italie ramenant l'eau des sols à la surface pour se prêter à l'évaporation, les sels nécessaires pour déterminer la formation du salpêtre, étaient ramenés à cette même surface, charriés par le mouvement ascensionnel de l'eau. C'est à la surface, comme nous le voyons dans les lieux couverts, que le salpêtre se produit surtout.

Dans nos climats froids et pluvieux, l'action éminemment dissolvante des pluies ne fait pas plus défaut qu'en Italie. Si elle est moins favorisée par la chaleur, elle est admise, en revanche, à s'exercer pendant plus longtemps, et nous n'avons rien pour établir une supputation comparative entre les effets de cette action dans les deux climats. Quoi qu'il en soit, le calcaire des terres se dissout par l'eau des pluies, dans l'attente d'une salpêtration, ici comme à Rome.

D'un autre côté, l'eau ne s'accumule pas indéfiniment dans nos sols. Il faut encore, ici comme à Rome, que l'évaporation enlève en moyenne chaque année ce que la pluie a apporté. Mais le départ ne se fait plus comme en Italie. Nos moissons sont beaucoup plus longtemps pendantes, par racines, en style de notaires, et c'est leur transpiration qui rend l'eau de pluies à l'atmosphère. Cette eau n'a plus à venir à la surface pour se prêter à l'évaporation. Ses voies sont vers les suçoirs des racines et c'est sur ces voies, à leur extrémité surtout, qu'il faut rechercher les sels calcaires préparés pour la salpêtration. Donc, il est bon, pour le cultivateur flamand, de ramener à la surface les parties sous-jacentes après le départ de la moisson.

Il est un proverbe disant qu'une année chaude et sèche est toujours suivie d'une année d'abondance

C'est une comparaison établie par la sagesse des temps, entre les effets des climats de l'Italie et des Flandres.

Il n'y a pas que la nécessité de solliciter la salpêtration pour obliger à retourner les sols. Nos terres se tassent ou se remettent en termes de culture, beaucoup plus que ne saurait le deviner un cultivateur du midi. Elles se remettent au point que l'air y pénètre difficilement. Ce ne sont pas des conditions favorables pour que les racines des plantes y soient appelées. Le jardinier étoufferait ses pensionnaires, s'il les tenait dans un pareil milieu. C'est ce qui fut compris par le cultivateur flamand, lorsqu'il ajoutait à la charrue romaine le coutre et le versoir. Et puis, à mesure que les héritages se partagèrent dans la populeuse province, il fallut gagner en profondeur pour les racines la place qu'elles perdaient en largeur. La charrue s'y prêta sans complément nouveau. C'est ainsi que nous avons été conduits au modèle de l'époque contemporaine.

On ne peut pas enterrer indéfiniment la charrue sans préjudice pour les cultures, et on ne pense pas, que je sache, à l'enterrer plus profondément qu'elle ne l'est dans les bonnes exploitations avec sols favorables.

Je ne peux pas blâmer cette disposition, j'y vois une sage réserve, car la partie du sol que la charrue retourne de temps à autre, doit être chargée d'engrais dans toute son épaisseur, à destination surtout de la jeune plante. Si elle a été rendue suffisamment vigoureuse, ses racines iront chercher dans le sous-sol les engrais que l'eau peut entraîner. Le travail du sous-sol par une charrue fouilleuse ne peut que favoriser ce dernier développement. Dans les lieux où le sous-sol ne permet pas un labour profond, on exagère, sans inconvénient, l'amendement du sol pour la jeune plante. Ce doit être un enseignement.

Il y a d'ailleurs une dernière raison pour limiter l'épaisseur du sol retourné, c'est qu'il n'y aurait pas profit, dans l'état actuel de l'agriculture, à donner des engrais à une couche de terre trop épaisse, tout en les donnant avec assez d'abondance pour assurer le développement vigoureux de la plante dans son jeune âge.

Il me resterait à faire le tableau des conditions auxquelles doit satisfaire la construction d'une bonne charrue. Mais avant de vous dire ce que j'en pense, il importe de préciser les conditions du travail qu'on lui demande.

Lorsque le binot trace son sillon, la terre se met spontanément en équilibre dans le billon sous des surfaces inclinées chacune de quarante-cinq degrés à l'horizon. L'angle, au sommet, est par conséquent un angle droit.

Lorsque vous détachez par la charrue une tranche de terre, elle a quatre angles droits et l'un de ces angles doit être culminant après le renversement de la tranche. Si vous voulez qu'il n'y ait pas éboulement dans cet angle culminant, et tous les bons cultivateurs le veulent, vous préparerez le retournement de manière que les faces de cet angle culminant soient inclinées chacune de quarante-cinq degrés sur l'horizon. Cette préparation consiste à prendre conseil des géomètres et à s'y soumettre. Or, les géomètres, après calcul fait, répondront qu'il faut et qu'il suffit d'assurer un rapport de dix à sept entre les largeur et épaisseur de la tranche pour obtenir le résultat désiré. Si vous n'enterrez qu'à sept centimètres, vous aurez soin de ne détacher qu'une tranche large de dix centimètres. Si vous enterrez à quatorze centimètres, vous prendrez une tranche large de vingt centimètres, etc.

Si le labour doit être abandonné aux actions bienfaisantes de l'air et de la lumière, il n'y a pas de meilleure disposition des tranches. Les saillies que nous recommandons sont les plus élevées qu'on puisse obtenir. Elles multiplient le plus possible la surface du sol. Chaque face de l'angle culminant pour une profondeur de 19 centimètres aura également une hauteur de 19 centimètres. Les tranches consécutives se recouvriront sur une hauteur de 8 centimètres. La surface exposée à l'air sera multipliée methématiquement dans le rapport de quatorze à dix, et si on tient compte des surfaces de rupture des tranches on peut assurer qu'il y aura multiplication de la surface dans le rapport de trois à deux.

Une pièce de deux hectares présentera à l'action de la lumière et de l'air une surface grande de trois hectares. Le rayonnage au binot, la levée des *braque-forts* ne font pas mieux, à part cette considération que leurs saillies, plus massives, résistent avec plus d'avantage peut-être à l'affaissement produit ou sollicité par les agents atmosphériques.

Si le labour ne doit pas être abandonné pendant un temps assez long pour se préoccuper du bénéfice apporté par l'action de l'atmosphère, c'est qu'il est destiné à recevoir un semis. Il faut encore le faire dans les conditions sus-énoncées, parce que les saillies, étant aussi grandes que possibles et formées par une terre neuve s'effritant facilement, elles formeront, après le travail de la herse, une couche meuble la plus épaisse qu'on puisse obtenir après un labour à la charrue.

Livrez une charrue qui fasse le travail que nous venons de définir, d'une manière parfaite et avec le moindre tirage, vous aurez produit le modèle des charrues. Elle suivra bien son sillon, détachant toujours les mêmes épaisseur et largeur de tranche, elle videra facilement sa terre, elle nettoiera bien le sillon, etc.

Quant à dire, à l'inspection d'une charrue dans un concours ou ailleurs, si elle remplit toutes ces conditions, c'est autre chose. Il y a trop de complications dans la forme et dans le rapprochement des pièces, pour tenter nn jugement. On a fini par être sage à cet endroit. On essaie la charrue avant de se prononcer sur son compte.

## LA BÊCHE.

Il y a, pour retourner la terre, un meilleur instrument que la charrue, si ce n'est pas au point de vue économique, ce sera au point de vue d'un travail mieux fait. Cet instrument meilleur est celui du jardinage et de la petite culture dans nos contrées, c'est la bêche. Il n'est pas fait mention, dans l'antiquité, des services qu'elle pouvait rendre à l'agriculture. Elle fut sans doute peu employée en dehors des jardins.

A mesure qu'on descend la suite des siècles pour

se rapprocher de notre âge, on arrive à regarder comme insuffisant le travail de la charrue romaine, qui ouvrait simplement le sol sans le retourner. Nous avons eu une manifestation suffisante de ce progrès dans l'invention des charrues modernes. Mais il n'en sera pas moins curieux de rencontrer une autre forme de cette manifestation dans la substitution de la bêche à la charrue des premiers âges. Celle-ci commence à peine à disparaître des campagnes de l'Auvergne, et c'est par la bêche qu'elle est premièrement remplacée en beaucoup de lieux, comme nous l'apprend l'ouvrage de M. Baudet-Lafarge, sur l'agriculture du Puy-de-Dôme. Des exploitations peu étendues permettent d'ajouter en appoint, tous les trois ou quatre ans, le travail de la bêche à celui de l'ancienne charrue. On trouve profit à le faire. Si nous passons de l'Auvergne à la pointe septentrionale de l'Ecosse, aux îles Schetland, nous y trouvons la charrue antique remisée à demeure dans les hangars. Tout le monde s'est mis à retourner la terre, au lieu de la gratter simplement. Les uns le font avec la charrue nouvelle ; la grande majorité des habitants le fait à la bêche.

Je n'insisterai pas sur la perfection du travail de la bêche par comparaison avec le travail de la charrue nouvelle. La terre est plus complètement retournée et on peut la disposer pour l'aérage. Chaque brin de cette terre est soumis à l'œil inquisiteur d'un ouvrier intéressé à la réussite des cultures qu'il doit lui confier. C'est la pratique du jardinage transportée dans l'agriculture. Puissent ses profits répondre aux aspirations de nos ouvriers, qui réclament leurs parcelles à cultiver.

## LA HERSE.

Voilà encore un instrument remontant, par son invention, aux premiers âges de l'histoire des cultures. Il avait, dans l'agriculture romaine, une destination triple : 1° pour abattre les billons et réduire les mottes de terre ; 2° pour détruire les plantes adventices ; 3° pour enterrer les semences. Il a, en surplus, deux autres destinations dans nos cultures septentrionales : 1° il doit, au printemps, ameublir l'extrême superficie du sol dans nos cultures, emblavées en automne; 2° il doit, au printemps encore, relever, pour l'ensemencement, les labours affaisés par les pluies et par les neiges de notre saison froide.

Il est difficile de satisfaire heureusement à tant de destinations diverses avec la même forme d'instrument. Il faut s'attendre à trouver, dans les exploitations agricoles, des formes d'autant plus variées que la culture du sol y est plus difficile.

La première herse a dû se composer d'un simple râteau, constitué par des dents emmanchés parallèlement sur une traverse rectiligne. Nous ne savons pas à quelle époque ce simple râteau a été échangé contre un râteau multiple, à plusieurs traverses, armées de dents. Cette forme est actuellement la seule qui soit universellement adoptée, mais il y a loin de trouver de l'uniformité dans le mode d'assemblage des râteaux. C'est une forme de triangle dans le nord de la France, c'est une forme de parallélogramme dans toute l'Angleterre, et l'histoire de la culture des deux côtés du détroit nous porte à croire que ces deux formes n'ont pas été précédées par d'autres dans les deux contrées respectives. Nos ancêtres n'ont pas fait succéder le triangle au parallélogramme, et nous n'aurions pas à revenir sur leur détermination en passant du triangle au parallélogramme. Les Anglais sont dans une position pareille par rapport au choix fait par leurs ancêtres. C'est donc une question toute neuve pour nos populations, que celle de la comparaison entre les deux formes de herse la plus universellement adoptée

Il y a déjà eu dans les hautes régions du monde agricole et dans les temps modernes, des plaidoieries et des jugements portés sur cette question. Je commence par l'histoire des plaidoieries. Tous nos concitoyens de la campagne connaissent la herse triangulaire. L'*entrure* des dents est dans le sens même du tirage. Les résistances opposées par les mottes à briser, par la consistance du sol, par les herbes à arracher, sont attaquées de front.

Pour la herse en parallélogramme, elle est constituée au moyen de quatre pièces de bois portant les dents. L'*entrure* de ces dents est dans le sens de la pièce de bois qui les porte. Ces quatre pièces sont ensuite assemblées parallèlement, à des distances respectivement égales, au moyen de traverses parallèles, également. Elles font avec ces traverses des angles aigus, elles sont inclinées sur elles et comme, dans le travail, les traverses sont avancées dans une direction perpendiculaire au tirage, il arrive que les entrures sont inclinées à cette ligne, auquel cas les obstacles à vaincre sont attaqués de côté et non plus de front comme dans la herse triangulaire. C'est sur les effets de ces attaques, directes ou obliques, que les plaidoieries ont porté.

Pour ce qui est de la destruction des billons et de l'ameublissement du sol, l'attaque directe des mottes de terre paraît préférable à l'attaque oblique, mais cette infériorité pour le parallélogramme est rachetée en partie par cette considération que les mottes soulevées ou désises par les premières dents, sont rejetées sur le terrain que vont parcourir les dents suivantes de la même tête de râteau, auquel cas il y a chance pour qu'elle soit brisée par elles.

En second lieu, chaque dent de la herse triangulaire traçant son sillon dans le sens du tirage et dans une direction perpendiculaire au terrain, les mêmes dents, dans une façon suivante plus ou moins inclinée de direction à la précédente, doivent être sollicitées à reprendre momentanément les mêmes sillons. Le même inconvénient n'existe pas, pour le parallélogramme, parce que les déchirures faites par ses dents sont dans une direction inclinée à la surface du sol, auquel cas les dents, pendant le nouveau travail, ne rencontrent pas continuellement les déchirures anciennes sous le même angle.

En troisième lieu, les déchirures inclinées à la surface du sol doivent produire l'effet d'une agitation plus intime. Le départ des mottes de terre et le tassement du sol par la précipitation des poussières, paraissent plus assurés au point de vue des plantes adventices et du jeu des herbes dans les façons données à la terre, le parallélogramme parait avoir incontestablement l'avantage sur le triangle, il se vide plus facilement par suite des biais de ses dents par rapport à la direction du tirage.

Je n'irai pas plus loin dans l'exposition des plaidoieries, parce que la herse en parallélogramme n'est pas assez connue dans notre contrée pour permettre aux lecteurs une appréciation pertinente. J'ajouterai seulement que les jugements portés en France par Mathieu de Dombasle, par M. De Valcourt, par M. Jourdier, lui ont été favorables. Il a été admis dans leurs exploitations à remplacer le triangle.

Je ne peux qu'appeler de mes vœux le moment où quelque bonne expérience, instituée dans nos contrées, nous permettra de fixer notre choix, après avoir vu, entre les les deux formes de herse.

Il y a bien, contre la herse en parallélogramme, une objection tirée de ce qu'il faut apporter dans son emploi, quant à la manière d'atteler, un soin que ne demande pas notre herse triangulaire. Mais les siècles de loisirs sont passés pour les cultivateurs. Cette objection ne doit pas les arrêter devant l'institution d'une expérience peu coûteuse, qui viendrait les fixer à propos sur une partie importante de leur matériel.

La herse doit répondre à tant de destinations diverses dans nos cultures, qu'il faut s'attendre à la voir se modifier dans sa forme, pour mieux s'approprier à chaque destination spéciale, à mesure qu'on apprécie davantage le travail rapide et perfectionné du sol. C'est là surtout qu'est le progrès, à propos de l'instrument qui fait l'objet de nos présentes études. Nous allons reprendre, par ordre, ces destinations diverses afin d'en rapprocher les modifications qui constituent les perfectionnements de la herse.

1° *La herse est employée pour abattre les billons et pour réduire les mottes de terre.* La réduction des billons se fait avec toute l'aisance possible et avec une perfection suffisante au moyen de la herse commune à dents de bois. On n'a pas essayé de la suppléer, que je sache. — La réduction des mottes de terre est une opération beaucoup plus difficile que la précédente. Le travail de la herse ne répond pas à toutes les exigences telles qu'elles se multiplient dans nos cultures pressées. On ne peut plus être satisfait si l'on n'a pas en main un instrument qui vous permette de réduire et d'émietter le sol quand le temps est venu pour le mieux de vos intérêts. Nous ne sommes plus à l'époque où l'on attendait un temps convenable pour retourner le sol après la récolte, et un temps également convenable pour réduire par la herse les mottes de ce labour. Le problème d'un travail plus efficace que celui de la herse fut fatalement suscité par le progrès des cultures.

On essaya pour ce problème deux solutions. — La première consiste à augmenter la puissance des rouleaux, et la herse ordinaire armée de dents en fer, si c'est nécessaire, est encore là pour préparer le travail du rouleau, pour égaliser le sol et pour faire émerger les mottes réfractaires à son action propre. Nous aurons à revenir sur cette solution à propos des perfectionnements du rouleau. — La seconde solution a été donnée par l'importation de la herse norwégienne. Le cadre de l'instrument est charrié sur trois roues. Il porte à sa partie basse, entre les deux roues de derrière et la roue de pointe, trois axes armés de dents de fer. L'axe du milieu est un peu plus bas que les deux autres, ceux-ci sont à la même hauteur. Ces axes sont mis en mouvement par la résistance que ces dents éprouvent dans le sol. Les dents de l'axe inférieur se croisent pendant le mouvement avec les dents des deux axes supérieurs. Le travail de cette herse a une efficacité extraordinaire. Il faut l'avoir vu à l'œuvre, au premier printemps, dans les cultures de M. Decrombecque, à Lens, pour apprécier les services qu'il peut rendre à notre agriculture. Un gain de quinze jours pour les semis de cette époque n'est pas chose à dédaigner. Le rouleau Croskill, importé également dans nos contrées par notre honorable cultivateur de Lens, a des usages plus variés. Il a été plus connu, il se répand. La herse norwégienne, importée également par M. Decrombecque, attend encore une vulgarisation, elle la mérite dans sa spécialité autant que le Croskill. Il est impossible, dans nos climats semi-marins et humides, de se passer de cet instrument, si on veut vivre avec la conscience d'avoir fait tout ce qui dépendait de soi pour la précocité de ses semis de printemps.

2° *La herse est employée pour détruire les plantes adventices.* S'il s'agit de détruire ces plantes à leur première levée, c'est le cas presque unique, c'est le cas normal dans nos cultures perfectionnées. La herse ordinaire à dents de bois est parfaitement suffisante. Nous n'avons rien à désirer en dehors de la forme commune. — S'il s'agit de détruire l'agrostis traçante ou *Tient-poils* de nos voisins moins avancés en progrès agricoles, les façons et l'instrument qui les donne, doivent être plus énergiques. Mais je ne vois encore rien de mieux à désirer que notre machine usuelle. On peut conduire sur le terrain, après les façons de herse, le râteau-à-cheval, s'il est dans le mobilier de l'exploitation, ce sera un moyen d'avancer le travail manuel qui ne cessera jamais d'être nécessaire pour enlever cette herbe fâcheuse, ce sera aussi un moyen d'assurer une perfection de travail qu'on obtient difficilement lorsque ce travail est remis tout entier à des ouvriers. Cette perfection est si bien appréciée par le cultivateur entendu qu'il ne croit mieux faire, en général, que de réserver un pareil travail aux membres mêmes de sa famille. Nous n'avons jusqu'ici que le râteau-à-cheval pour les suppléer dans ce travail, et nous n'avons pas été mis à même d'apprécier les résultats de son travail. Il nous paraît difficile de remplacer en cette circonstance le travail manuel que nous avons connu par expérience.

### LE ROULEAU OU LE ROULOIR, OU LE ROLLOIR.

La première de ces appellations est celle qui est préférée pour les livres. Elle finira par dominer complétement. C'est l'avenir réservé aux appellations qui ont été naturalisées françaises.

Il y a dans la pratique du jardinage deux opérations qu'on reproduit en grande culture par l'emploi du rouleau, à savoir, 1° le tassement ou la remise du sol après les labours qui ont préparé et amené l'ensemencement ; 2° la réduction ou l'écrasement des mottes ou glèbes de terre

Le jardinier ne rencontre pas, dans son travail à la bêche, des mottes aussi nombreuses, aussi fortes que les mottes produites par le travail de la charrue. Son sol, amélioré généralement par l'emploi d'engrais abondants, est d'ailleurs plus disposé à s'effriter. La charrue lève moins de mottes, et les mottes levées résistent moins à l'écrasement dans le voisinage des villes populeuses, où les engrais abondent pour le sol, que dans les campagnes, où le maigre fumier d'un pauvre bétail n'est encore répandu qu'avec parcimonie sur les guérets. — Pour réduire ses mottes de terre, le jardinier fait usage du râteau et du plombage. Il fait le plombage le plus efficace en marchant tout simplement sur sa terre Si on estime à 14 centimètres sur 7, l'étendue d'une semelle de sa chaussure, la surface de cette semelle sera, à peu près, de cent centimètres carrés, soit deux cents centimètres pour l'étendu des deux semelles. En appréciant à 75 kilogrammes le poids moyen de l'homme, nous devrons supputer à 750 grammes ou à une livre et demie, la pression exercée sur chaque centimètre carré du sol à fouler. Nous retrouverons plus tard ces nombres lorsqu'il s'agira de l'emploi du rouleau.

Pour ce qui est du tassement du sol, il se fait aussi par le plombage. Le jardinier en diminue l'énergie par l'étendue de semelles en bois. C'est dans tous les cas une pratique à laquelle il tient, et avec raison, car les racines ont horreur du vide. Un sol poussiéreux et sans espaces vides leur est tout aussi nécessaire que l'air peut être nécessaire au développement des bourgeons et rameaux. Les arrosements que le jardinier peut faire lui viennent heureusement, d'ailleurs, en appoint, pour la perfection de ses plombages.

Il ne faut pas penser à la réduction des mottes de terre dans la grande culture, par le plombage du sol, en foulant la terre avec les pieds. Cependant l'homme a dû procéder dans ses inventions par les machines les plus simples. Ce fut à l'emploi du maillet qu'il eut primitivement recours, et cette pratique n'était pas encore abandonnée, il y a cinquante ans, dans plusieurs cantons que je pourrais vous citer. Ce n'est pas que le rouleau y eût été inconnu, mais on n'était pas suffisamment familiarisé avec son emploi pour en tirer tout le parti qu'on en a tiré depuis lors.

Le Rouleau fut pendant longtemps construit avec le bois exclusivement. C'était incontestablement la matière qui se prêtait le mieux à cette construction. Il n'y a pas eu d'autre raison d'être pour les rouleaux de bois. Il ne sera pas difficile de démontrer que son efficacité doit être de beaucoup inférieure à l'efficacité du plombage employé par le jardinier. Supposons un rouleau de bois long de deux mètres et large de six décimètres ou soixante centimètres. Il pèsera, avec sa monture, six cents kilogrammes environ, huit fois autant que le jardinier dont il a été précédemment question. Si votre terre a été convenablement ameublie pour ne pas présenter des résistances par trop inégales, il faudrait que votre rouleau ne reposât que sur huit décimètres carrés, soit huit fois l'étendue d'une paume de main, pour que son travail fut aussi efficace que celui du jardinier, et un pareil cas ne se présentera que d'une manière très accidentelle. Donc vous n'avez pas dans l'emploi du bois le meilleur choix qui puisse être fait. Le rouleau de bois est loin d'être un instrument modèle.

La pierre est venue remplacer le bois dans quelques exploitation, son poids est double de celui du bois. C'est un progrès : mais un pareil instrument se brise facilement, on lui donne difficilement un diamètre assez grand pour un roulage facile. Ce n'est par le dernier mot dans le perfectionnement des rouleaux.

Les progrès réalisés dans la fabrication des ouvrages de fonte sont venus à point pour correspondre aux aspirations du cultivateur à propos des perfectionnements du rouleau. Le cylindre peut être creusé d'ailleurs dans le coulage de la fonte, et il devenait possible de poser et de résoudre, à propos des rouleaux, le problème que voici :

Quels sont le poids et le diamètre à donner à un rouleau pour obtenir à la fois le travail le plus efficace et le tirage le moins lourd ?

La solution, le raisonnement et l'expérience aidant, a été obtenue en Ecosse. Elle s'est formulée dans les termes suivant : donnez à un rouleau long de deux mètres, un poids de douze à treize cents livres, et un diamètre de 68 centimères, et vous aurez l'instrument le plus efficace et le plus facile à traîner.

Voilà des nombres dont il faudra toujours se rapprocher dans la construction des rouleaux perfectionnés, si on veut se tenir à la hauteur des enseignements acquis par l'agriculture.

Il est digne de remarque que ces nombres n'exclueraient pas l'emploi du bois, si le rouloir en bois pouvait toujours être neuf et conserver son poids primitif. Le poids du rouleau neuf en bois, avec les dimensions précédemment définies, peut, dans tous les cas, servir de type.

Il reste maintenant à appeler l'attention sur la disposition à donner au cylindre, sur la forme de la monture, sur le mode d'attelage, sur les services qu'on peut attendre de l'instrument.

Le cylindre a été divisé en segments dans celles de nos exploitations qui tiennent à suivre les progrès de l'art agricole. Nous ne pouvons qu'applaudir à cette transformation. Elle est attribuée dans nos contrees à M. Hamoir, de Saultain. C'est un des premiers progrès réalisés par cet habile cultivateur dans la construction des instruments. Ce serait de la naïveté que d'insister sur le mérite de cette transformation. Il ne faut pas encore demander à un pareil rouleau le travail intelligent du jardinier plombant sa terre, mais il livrera toujours spontanément le meilleur plombage qu'on puisse demander à des masses qui ne sont pas commandées individuellement par une intelligence.

La perfection dans le montage des articles sera dénoncée par l'aisance avec laquelle ils videront la terre engagée dans les articulations. Cette aisance sera toujours beaucoup plus grande pour des segments evidés à l'intérieur que pour des segments pleins. La fonte permet de pareils vides, en conservant au rouleau son poids réglementaire. Il faut la préférer. On a pu, pour ménager la transition des cylindres entiers aux cylindres articulés, présenter dans le concours des rouleaux articulés à segments de bois ou de pierre, mais ils ne prévaudront jamais sur les segments de fonte. Il n'y a pas d'hésitation possible.

La monture du rouleau n'a pas la même forme au-delà et en-deçà du détroit qui nous sépare de l'envieuse Albion. Je pourrais vous citer une foule de variations pareilles dans les conceptions des deux peuples rivaux. Je ne m'arrêterai pas à établir une comparaison entre les deux formes. Le cheval anglais est tenu entre des brancards pour traîner le rouleau comme aussi il est tenu entre des brancards pour faire le transport des moissons. Nous préférons laisser au cheval toute sa liberté dans ces deux genres de travaux. Cette liberté va mieux à nos instincts français et je m'y tiens.

En dehors de ces deux formes il en est une autre qui est née dans nos contrées et qui s'y propage heureusement. Elle a été imaginée par un de nos éminents cultivateurs, M. Dervaux, de Grande-Wargnies, dont nous avons à pleurer la mort toute récente. Cette monture est en fer, avec un axe coudé portant des roues à l'extrémité de l'axe. Il suffit d'une demi-révolution de la monture autour de l'axe du cylindre pour que l'instrument porte, au gré de son conducteur, sur les roues s'il doit simplement voyager, sur le cylindre s'il est appelé à plomber le sol. Il y a dans ce double mouvement une grâce et une aisance toute françaises. Cette forme ne peut pas manquer de succéder à la forme, un peu décrépite, il faut le reconnaître, de nos montures anciennes.

Une fois qu'on est fixé sur le choix de la monture, le mode d'attelage s'ensuit presque nécessairement, et nous ne voyons pas de raison suffisante pour proposer d'apporter à notre forme de prédilection les changements qui lui approprieraient des brancards.

Le rouleau de fonte à plusieurs segments, à deux, à trois, à quatre segments, n'est pas aujourd'hui le seul à réclamer sa place dans le matériel agricole d'une exploitation. Il y a pour le cylindre une autre forme de segments qui vient à point dans certains travaux de la ferme. Il s'agit du rouleau Crosskill. Les segments peuvent être au nombre de vingt. Chacun d'eux a la forme d'une roue armée sur son contour de dents à extrémité mousse, chaque dent peut comprimer le sol comme vous le feriez avec le poing. L'efficacité que vous pourriez donner à ce tassement par le poing, en insistant par des balancements de l'avant-bras, ne fait même pas défaut dans notre instrument, puisque la roue est admise à se balancer autour de l'axe qui la traverse. Je ne prétends d'ailleurs pas à une description de l'instrument. Sa vulgarisation se fait depuis qu'il a été introduit en France, il y a vingt ans, par M. Decrombecque, de Lens. Tous les hommes curieux des choses de l'agriculture ne sont pas dans l'ignorance sur la forme du Crosskill, mais tandis que plusieurs d'entre eux restent à hésiter sur son acquisition, la vulgarisation suit son cours et ses avantages sont escomptés chaque année au bénéfice de ceux qui y ont concouru.

Il nous reste à dire, suivant notre programme, les services qu'on doit demander au rouleau. Ce serait une longue histoire, si elle devait être complète et elle aurait peu d'intérêt pour l'homme des champs. Je me borne à un trait.

Nous ne sommes plus au temps où l'on traitait la terre comme la population de ses écuries, avec la préoccupation continuelle de trop la fatiguer. Elle avait, entre deux récoltes, le temps de se remettre comme on le disait alors, elle avait le temps de reprendre son tassement normal comme nous le dirions aujourd'hui dans notre langage plus prosaïque. Mais ce siècle d'or et d'argent a eu un successeur. On est aujourd'hui à s'ingénier continuellement pour l'énerver par un excès de production. Le sol est effrité, le tassement manque autour des jeunes plantes, ces plantes languissent et les insectes ont le temps d'en faire leur pâture. J'ai vu arrêter les ravages des insectes dans plusieurs cultures par l'emploi du rouleau et surtout par l'emploi du Crosskill. Cet évènement a toujours correspondu à une accélération dans la végétation et je ne mets point en doute que la plante a été sauvée parce que ses racines, mieux enterrées, l'ont portée bien vite au degré de développement que l'insecte n'attaque plus. Il y a d'ailleurs, vous le savez, dans l'instinct de l'insecte, quelque chose qui le porte à s'attaquer aux plantes souffrantes et, en continuant à suivre nos anciennes habitudes sur un sol qui s'effrite de plus en plus, nous restons en-dessous des exigences d'une bonne culture pour le tassement.

L'emploi du rouleau doit préoccuper constamment le cultivateur à notre époque de cultures pressées. Le jardinier, dans son domaine, ne se préoccupe pas moins du plombage ou des arrosements qui aident au tassement.

## BINOTS, POLYSOCS, EXTIRPATEURS, SCARIFICATEURS

Après avoir fait l'histoire des instruments du labourage, nous avons à compléter cette histoire par quelques mots sur ceux de ces instruments qui viennent en appoint dans certaines contrées et dans un certain nombre de nos exploitations agricoles.

Le *binot* est de tous nos instruments celui qui se rapproche le plus de la charrue romaine. Ceux de nos cultivateurs qui l'ont conservé, s'en servent pour le déchaumage. Il suffit au labour peu profond qui doit déterminer la germination des graines tombées dans les éteules des céréales. On remet en guilles ou en ados, on renguille, suivant l'expression du village. Cette opération devient moins utile, à mesure que les sarclages sont plus répétés. La petite culture, aujourd'hui si étendue, ne peut d'ailleurs plus permettre qu'une terre soit abandonnée sans emblavure pendant les beaux mois d'août, de septembre et d'octobre, et elle a raison. Elle n'a plus à renguiller ses éteules. Elle les retourne à la charrue; elle n'a plus besoin du binot en cette occurrence. On se servait, en second lieu, du binot pour relever les terres pendant l'année de jachère, et cette opération était souvent répétée par les cultivateurs entendus. C'est encore un usage perdu, puisque les jachères ont disparu. Dans ce travail des jachères, on ajustait à propos à l'instrument un soc en fer de lance assez large pour couper toutes les racines des chardons, des lairons, etc., que le sol pouvait embrasser. Le binot faisait alors l'office d'extirpateur.

En troisième lieu, dans les terres raides et difficiles, où les terres retournées par la charrue s'affaissent et se remettent difficilement, le binot venait, avant la semaille des blés, tracer une ou deux fois son sillon dans le réboulage qui avait suivi en été la récolte d'une plante industrielle. La terre, émiettée par le binot, prenait en masse la consistance qui convient à une culture de blé. Cette nécessité disparaît à mesure que la répétition des cultures industrielles nous laisse des sols plus effrités. On n'emploie plus le binot à cet usage dans la Flandre.

En quatrième lieu, le binot était employé pour la semaille des céréales. C'est pour cette destination qu'il a été conservé le plus longtemps dans notre contrée. Il y continue le même travail ; mais le semoir vient incessamment restreindre son emploi.

Le *polysoc* n'est autre que le binot à plusieurs socs. Son nom scientifique a peu de faveur dans nos campagnes. Ses dénominations sont variées. Mais son expansion est devenue rapide, parce que cet instrument vient à son heure. Nos terres sont rendues assez légères par les façons incessantes qu'on leur fait subir, pour qu'il paraisse superflu d'atteler deux chevaux, comme on le faisait précédemment, au binot qui doit les sillonner à l'époque des semailles. L'emploi d'un homme à la suite d'un seul cheval devait avoir également sa répugnance. Le binot à trois socs ou le trisoc des savants est venu résoudre heureusement cette double difficulté. Il n'exige que trois chevaux et un seul conducteur pour fournir un travail presque égal à celui de trois binots dans les terres ensemencées. Il existe aussi des binots à cinq socs, traînés par quatre chevaux ; mais ils sont plus rares, et ils ne peuvent être recommandés que pour les semailles. Le trisoc peut aussi remplacer le binot dans les autres destinations qu'on lui donnait. Il ne faut cependant pas trop le recommander pour le déchaumage, parce que les mêmes trois chevaux ne pourraient pas le traîner longtemps. Il faudrait pour cet objet modifier ses socs, comme plusieurs constructeurs l'ont déjà fait, et nous passons alors à la forme de l'extirpateur proprement dit.

L'*extirpateur* est un instrument dont l'invention assez récente a été faite en Angleterre. Le nom français n'est aussi que la traduction de sa dénomination anglaise. Mais son rôle ne se borne pas plus pour lui que pour notre binot à la destruction ou à l'extirpation des racines ; il peut être admis avec avantage à fouiller le sol pour tout autre objet. Il se compose le plus souvent d'un bâti, triangulaire ou quadrangulaire, porté sur des roues, comme dans notre trisoc, et de traverses portant les socs. L'entrure est réglée par des dispositions particulières et variables, dont je n'essaierai pas de donner la description. Si les fers des socs sont assez larges, ils coupent, avec leurs arêtes tranchantes, toutes les racines souterraines du terrain que l'instrument est appelé à fouiller, et l'instrument constitue alors, comme le binot à large fer, un véritable extirpateur, dans toute l'acception du mot. Si les fers ne sont plus assez larges pour assurer un pareil travail complet, l'instrument peut encore conserver le nom d'extirpateur, et il le conserve d'habitude tant que l'extrémité de ses fers est élargie. Lorsque cette extrémité n'est plus élargie, l'instrument prend le nom de scarificateur.

Le *scarificateur* est suffisamment défini par ce qui précède. Son nom, emprunté aux opérations chirurgicales, nous dénonce un instrument destiné à fendre tout simplement le sol. Un seul nom aurait dû suffire pour désigner l'extirpateur et le scarificateur. L'usage est en voie de faire de cette double appellation en s'arrêtant à la dénomination d'extirpateur.

Les socs de l'extirpateur sont constitués le plus souvent par des dents dont la pointe est redressée vers une direction horisontale, du côté de l'attelage, sans cesser de piquer légèrement dans le sol. C'est la même inclinaison que dans la pointe du fer de la charrue. Il fallait recourir à cette disposition pour faire de cet appareil profondément fouilleur, un instrument qui pût être traîné. La construction est généralement toute entière en fer battu. L'extirpateur est, après le rouleau Croskill, celui qu'on doit recommander le plus instamment dans nos grandes exploitations. On en jugera par le rôle qu'il peut y jouer.

C'est au printemps, pour les prochaines semailles, que le travail du sol est le plus difficile et le plus long.

La terre a été retournée à la charrue avant l'hiver. Si vous avez affaire à un sol friable et s'égouttant facilement, si la saison n'est pas trop mauvaise, si le temps ne vous presse pas trop, vous retournez une seconde fois au printemps Vos façons de herse se font facilement. Vous n'avez pas besoin d'extirpateur.

Si, au contraire, votre terre est crue, s'il vous y reste des herbes de la dernière récolte, si le temps n'est pas favorable, s'il est pressant de semer, vous ne pouvez pas penser à un second labour, vous auriez d'ailleurs énormément tort d'enfouir cette terre mûrie par la saison d'hiver et de donner pour lit à vos jeunes plantes une terre nouvelle et trop crue. Vous n'avez alors pour préparer votre sol que les herses et les rouleaux. Vos façons sont indéfiniment multipliées, et le beau temps n'est pas toujours de la partie. La herse de bois ne suffit même pas toujours. Vous prenez la herse à dents de fer. Soyez alors plus hardis, élevez-vous à la hauteur des circonstances, prenez l'extirpateur, passez-le en travers des sillons : vos blocs de terre que l'hiver a maçonnés seront disloqués, votre terre s'égouttera plus vite, votre travail se fera plus rapidement, et c'est précieux dans cette saison, vos graines seront couchées dans la meilleure terre qui puisse leur convenir pour la germination.

Si ce précieux usage de l'extirpateur vous a conduit à en faire l'acquisition, vous lui trouverez d'autres emplois, tels que celui du déchaumage, celui du travail des terres pour en extraire les herbes, etc.

## LA FAUX. — LA SAPE OU LE PIQUET. — LA FAUCILLE.

Aussi loin qu'on puisse remonter dans l'histoire de l'agriculture, on y trouve la mention d'instruments plus ou moins tranchants et courbés en arc pour abattre ou pour couper les récoltes. L'histoire est tout à fait muette sur les détails de leurs formes primitives et sur les heureux changements qu'ils ont dû subir pour aboutir à leur forme actuelle. Cela tient sans doute à ce que les écrivains de l'histoire n'ont pas été des hommes habiles pour faucher, pour piqueter ou pour faucillier. Ils ne connaissaient pas assez la pratique de ces instruments pour attacher aux détails de leur construction, l'intérêt qu'ils méritent. Il y a eu de bien bons articles sur ces détails par MM. Barral et Durand-Savoyat, dans le *Journal d'agriculture pratique* de 1858.

La faux arrive toute faite dans nos exploitations agricoles. Il n'y a qu'à la choisir et c'est un mérite de savoir le faire avec succès. On se laisse guider dans ce choix : 1° par le son qu'elle rend, lorsqu'on la bat, en la tenant suspendue par le talon : il doit être clair et régulier, sans annoncer le fêlé ; 2° par la résistance uniforme du tranchant dans toute sa longueur, lorsqu'on promène sur cette longueur un morceau d'acier : s'il y a des parties moins trempées, elles céderont à la pression de l'acier ; 3° par le brillant et le poli de la lame ; 4° par sa couleur bleue d'acier : on cherche à deviner par elle que la trempe n'est pas trop dure. Il résulte assez de cette exposition qu'il faut profiter des occasions pour se faire instruire dans le choix d'une faux, et ce choix a sa grande importance pour l'aisance du travail.

Après la faux vient la monture. Elle varie quelque peu dans nos cantons, mais nous n'avons pas de recommandation spéciale à cet égard. La plus difficile d'entre ces montures, celle qui servait à déposer l'avoine en rayons ou andains, après qu'elle avait été coupée par la faux est tout à fait en voie de disparaitre, parce que les avoines sont devenues trop fortes pour permettre un pareil travail. C'est un progrès dans la production de l'avoine. Nous ne pouvons qu'y applaudir.

Le tranchant de la faux doit être battu fréquemment. Nous employons pour cet usage une enclume à surface plate et un marteau à arête mousse. Les Normands renversent la disposition. Ils battent avec un marteau à tête plate sur une enclume à arête mousse. Font-ils mieux que nous par ce renversement ? Je n'en sais rien, mais je peux assurer que le bon ouvrier fera également bien par les deux méthodes.

Pourrait-on repasser la faux à la meule au lieu de la battre sur l'enclume ? La réponse est affirmative. C'est ce qui se fait dans toute l'Angleterre. Mais l'acier de la faux ne doit plus être le même. Ce n'est plus la même fabrication. Il n'y a pas d'avantage.

La sape ou le piquet a commencé à être mentionnée dans les temps modernes, sous le nom de faux du Hainaut ou de faux flamande. Ce dernier nom prévaut. Elle est destinée à suppléer la faux proprement dite, et je trouve la raison de mon opinion dans les deux considérations suivantes : 1° La faux va mal à des récoltes versées ou seulement appuyées, si elles le sont dans divers sens, et ce sera de plus en plus le cas de quelques pièces de l'exploitation. On s'habitue à ne plus refuser au sol tout ce qui peut assurer une pleine récolte, et il est difficile d'atteindre le but, sans le dépasser un peu. Le faucheur s'accommode également moins que par le passé de ces mêmes récoltes. Il faut, au moins par exception, recourir au piqueur. Mieux vaut le prendre pour toute la besogne. — 2o Il faut augmenter le salaire de l'homme des champs, et surtout de l'habile ouvrier. Le travail à la tâche est le meilleur moyen d'atteindre ce résultat. Il est facile, il est habituel pour le piqueteur. Il est difficile, il est rare pour le faucheur. Celui-ci est gêné, souvent même empêché par le choix même d'une ramasseuse. Ce n'est déjà plus le travail individuel comme pour le piqueteur. L'ardeur y perd d'autant. Les progrès de l'agriculture ne feront que développer l'usage du piquet. La faux n'aura bientôt plus son emploi que dans les prairies.

Je ne vous ai pas entretenu de la faucille, parce qu'elle a disparu de nos cultures pour faire place à la faux ou au piquet. Il ne faudrait cependant courir bien loin pour la rencontrer à l'œuvre dans les récoltes de céréales. Dans le voisinage de Béthune (Pas-de-Calais), des familles d'ouvriers entreprennent encore à la tâche le faucillage du blé avec des conditions acceptables pour le cultivateur. Si un homme charitable leur apprenait l'usage du piquet, il augmenterait leur aisance, et la faucille aurait diparu de nos contrées.

## SEMOIRS ET RASETTES.

Il n'a pas fallu descendre le cours des âges jusque dans dans les époques contemporaines pour rencontrer des formes et des essais de machines destinées à suppléer le travail des semis à la main dans la grande culture. Il est difficile d'assigner le lieu et l'époque du premier essai sérieux. Mais on sait fort bien que l'emploi d'une pareille machine n'est passé dans les habitudes de quelques cultivateurs que vers le commencement de ce siècle, dans plusieurs comtés de l'Angleterre.

Cependant, la culture et l'exploitation de la betterave faisaient péniblement leurs premiers pas dans les campagnes de la France. Elles eurent enfin leur jour d'adolescence. La culture des betteraves eut sa place incontestée. On songea à l'améliorer. Il fut décidé que la plantation se ferait par lignes et le semoir passa d'Angleterre en France. Il ne sema d'abord que des betteraves. Il fut admis peu à peu à semer toute espèce de graines. C'est une pièce nécessaire de notre mobilier agricole. Le semis à la volée aura bien encore longtemps sa raison d'être, les intempéries des saisons et l'appréciation du cultivateur aidant, mais il est aujourd'hui primé par le semis en ligne. Nous nous dispenserons de discuter ce fait, nous nous contenterons de le constater.

Je n'ai pas à faire la description d'aucune forme de semoir. Nous nous féliciterons seulement que leur construction soit restée jusqu'ici dans le domaine des ouvriers d'élite, et cet heureux événement nous permettra d'être cru lorsque nous dirons que tous les semoirs sont bons, depuis le semoir-Hugues, une des premières formes introduites, jusqu'au semoir-Penin, au semoir-Prévot, au semoir-Jacquet-Robillard, etc.

Chaque localité a son constructeur en renom, et c'est à lui que les cultivateurs doivent s'adresser pour l'acquisition de leur instrument, s'ils veulent avoir sous la main l'ouvrier capable de le mieux réparer.

Nous ne pouvons pas vous dispenser d'avoir à la suite de votre instrument un homme de confiance, intelligent et actif. Le choix à faire entre tous les instruments, qui sont généralement bons, et plus facile de beaucoup que celui du conducteur.

Le semis des betteraves est comparativement facile. Il est peut-être même à désirer que les graines soient amassées par tas dans les lignes. Leur germination et leur premier développement paraissent y gagner. Un tas de graines enfouies germe plus vite et donne une végétation plus rapide. C'est un fait. Faut-il en chercher la cause dans la plus grande chaleur dégagée par une germination collective ? C'est probable, mais je ne peux pas l'assurer. Quoiqu'il en soit, on assure mieux la germination des betteraves en dispensant les graines d'une manière un peu prodigue. C'est un résultat important et on le recherche.

Pour le semis du blé, il n'en est plus de même ; les plantes doivent être isolées autant que possible sur les lignes et également espacées. Il n'y a pas de doute que vous ne les distribueriez pas autrement s'il vous était permis de le faire avec la main. Une pareille distribution se fait aussi au semoir. Je l'ai fréquemment constaté dans l'exploitation de M. Decrombecque, à Lens. Mais elle est loin de se répéter pareille dans la grande majorité des cultures. On y pêche par l'excès des plantes et par l'infériorité corrélative des épis. Je n'ai pas à insister, après cette exposition, sur les caractères des bons semis de blé. Puissent-ils se montrer plus fréquents.

Après le travail du semoir nous avons à mentionner celui de la rasette. Voilà encore un instrument dont les formes ont été excessivement variées sans que chaque variation nouvelle apportât une amélioration correspondante du travail. Les rasettes les plus simples, à couteaux croisés, sont généralement préférées. On emploie aussi un simple couteau transversal avec une roue unique, pour les rasettes à main. Pour être conduite par des chevaux, une seule forme de rasette doit être préférée à toutes les autres. C'est celle de M. Gustave Hamoir, de Saultain. Elle a été présentée à nos concours, pour la première fois, par M Wauthy. maréchal à Brebières (Pas-de-Calais). Elle s'est répandue dans notre arrondissement. Elle est traînée par un cheval et fait le travail dans trois entrelignes. Elle embrasse un espace égal à celui qui avait été embrassé par le semoir, et cette condition devient avantageuse lorsque le semoir a dévié dans son travail. Cette rasette est un instrument indispensable dans notre mobilier agricole.

Les couteaux croisés peuvent y être remplacés par des socs en fer légèrement ailés, pour travailler le sol entre les lignes ou pour butter les betteraves, comme MM. Fiévet le font avec avantage. Vous accommoderez avec aisance la même rasette pour la conduire dans les blés. C'est un bon travail lorsqu'il est fait en temps opportun, entre l'époque de la germination des plantes adventices et l'époque où les nouvelles racines du blé ont commencé à s'allonger, vers la fin d'avril. Un travail trop différé produirait un blé revenu d'été. Cet effet se rencontre plus souvent dans les argiles fortes que dans les terrains meublas de notre contrée. Les premières se remettent plus difficilement que les secondes, lorsqu'elle sont été travaillées par un temps humide. On devra éviter cette circonstance plus pour elles que pour d'autres, et faire suivre le travail de la rasette par celui du crosskill ou par celui de la herse, avec l'intervalle réservé pour la mort des plantes adventices.

## MACHINES A MOISSONNER. — FAUCHEUSES.

Les journaux nous ont entretenus quelquefois d'une machine à moissonner, employée, il y a près de deux mille ans, dans la partie méridionale des Gaules pendant l'occupation romaine. On en trouve la description dans quelques écrivains latins de cette époque.

Figurez-vous une brouette à deux roues. Augmentez suffisamment ses dimensions pour admettre un bœuf à la place d'un homme entre les deux branquarts. Tournez la face du bœuf comme était tournée la face de l'homme, vers le corps de la voiture. Armez le front de la brouette d'un peigne à dents d'acier taillées en tranchants sur les faces latérales. Tenez le front qui porte le peigne plus bas que la naissance des épis. Veillez à ce que la pointe des dents soit un peu plus relevée que leur base. Disposez cet équipage devant une pièce de blés restés droits sur tige, et criez : va. Les épis seront moissonnés et recueillis dans votre voiture, tandis que le chaume, froissé par la voiture et par le bœuf qui la pousse comme un brouetteur, restera pendant par racine, en style de notaire.

Il est impossible de dire si cette machine a été sérieusement employée. Mais les écrivains romains, qui se sont donné la peine de la décrire, regrettaient déjà, pour son emploi, le sacrifice du chaume. Les raisons ne nous manqueraient pas pour le regretter mille fois plus aujourd'hui. Nous devous enjamber au-dessus de dix-huit à vingt siècles pour nous retrouver en face du second essai solennel dont l'histoire fasse mention. La gloire en revient à l'Exposition universelle de Londres en 1851.

La nouvelle aspiration de la moissonneuse ne se borne plus à la récolte des épis. Elle tient à scier ou à couper le chaume au ras de terre, s'il n'y a pas de cailloux qui s'y opposent. Elle tient à faire sa javelle et à la déposer en lieu convenable pour n'en être pas embarrassée dans la suite de son œuvre. C'est au moins le cas pour les organisations les plus complètes. Il y a quelque chose de bien curieux et de bien admirable dans ces mouvements automatiques. C'est une des belles organisations produites par l'intelligence humaine. Son travail a déjà fait battre plus d'un noble cœur. L'avenir est pour elle.

Cependant ses pas sont restés jusqu'ici, du moins dans notre contrée, timides et embarrassés. Est-ce la faute de l'enfant ou de celui qui tient les lisières?

Les organes de l'enfant n'ont sans doute pas acquis tout leur développement possible. Mais l'assiduité, la patience et l'entente ne sont pas toujours non plus le fait de ceux qui essaient la moissonneuse. J'ai confiance en ceux qui réussissent à l'employer.

La première moissonneuse, par ordre de dates, dans notre département du Nord, est celle de M. Dervaux à Wargnies-le-Grand. C'est la moissonneuse de Drey, importée de Londres par cet habile cultivateur. La seconde est la moissonneuse de M. Leroy, à Douai. Elle a été appelée chaque année sur plusieurs exploitations. Ses organes vont se perfectionnant. Son travail était meilleur cette année que l'année dernière. Il sera meilleur encore à la moisson prochaine, et elle prendra peu à peu sa place parmi nos instruments d'exploitation.

Il n'y a pas plus d'une douzaine d'années qu'on s'essaie au travail des moissonneuses, et on ne peut qu'applaudir aux résultats obtenus en si peu de temps. A la campagne à part de rares exceptions, tout ce qui est neuf paraît étrange. L'homme est, devant sa jeune machine, aussi timide qu'elle-même. Mais l'époque de cette timidité aura son terme et un nouveau progrès aura été accompli.

Les moissonneuses peuvent être employées pour couper les foins à titre de faucheuses. Elles marchent alors d'un pas plus assuré. La verse et l'inclinaison des tiges ne lui sont plus un embarras comme dans la moisson des céréales.

## CHAPERONS EN PAILLONS.

Dans la récolte des céréales nous n'avons plus d'instrument à noter entre les instruments qui servent à battre le chaume et l'instrument ou plutôt l'appareil qui sert à l'abriter lorsque les gerbes ont été dressées en tas. Cet appareil ou chaperon est destiné à remplacer la gerbe de blé que l'on étalait quelquefois sur le tas en l'ouvrant par les épis.

Ce chaperon est préférable à la gerbe parce qu'il couvre davantage et qu'il résiste surtout beaucoup mieux aux coups de vent. Il est fabriqué par des ouvriers après un facile apprentissage. On a monté une machine pour le même travail. Elle n'est pas encore, que je sache, dans notre contrée. Le chaperon coûte au plus, paille comprise, 90 centimes, soit 18 sous. Il peut être remisé après la moisson et durer plusieurs années. Nous devons attendre la fin des expériences avant de vous dire le nombre de ces années.

La dépense du chaperon est payée par sa préservation plus efficace, par la plus grande facilité du travail, par le bénéfice qu'on fait en n'exposant pas à la pluie la quinzième partie de sa récolte, si on fait des tas de quinze bottes dont une est étalée en chaperon.

Dans la pratique, vous trouverez que les gerbes relevées humides se sèchent un peu moins vite qu'avec la gerbe en capuchon, mais vous aurez par contre l'avantage de pouvoir enlever momentanément ces capuchons, sans compromettre aucun épis, ce qui n'a pas lieu avec la gerbe en couverture.

Ce qui peut être un inconvénient pour l'assèchement des gerbes relevées humides vous devient d'ailleurs un avantage pour mûrir lentement les blés que vous aurez coupés avant maturité, un peu plus tôt que vous ne l'avez fait jusqu'ici.

Les chaperons dont il s'agit ont été apportés autour de Douai par MM. Fiévet, de Masny, et par M. Pilat, de Brebières. Ils se répandent dans nos campagnes sous le nom de *crinolines*. Ce nom est de bon augure pour atteindre à la faveur qu'ils méritent.

## MOYENS DE TRANSPORT. CHARIOTS ET TOMBEREAUX.

Nous sommes de nouveau en présence de deux pratiques distinctes, l'une anglaise, l'autre française. Le transport des moissons ne se fait, par toute l'Angleterre, en y comprenant l'Ecosse et l'Irlande, que sur des voitures traînées par un seul cheval, et nous continuons à préférer des attelages de plusieurs chevaux pour le même travail. Nos voisins, pour justifier leur pratique, font valoir la plus grande liberté du cheval et l'absence des préoccupations continuelles que lui causent ses voisins lorsqu'il est engagé dans un attelage. Le cheval, livré à lui même et libre de toute préoccupation, n'a plus à cœur que de fournir le travail qu'on lui demande. Ses traits sont toujours tendus. Il traîne résolument sa charge. Ces avantages ont même leur traduction en nombre, d'après des expériences dont les résultats sont admis par les maîtres de l'agriculture anglaise. Deux voitures, traînées par un cheval pour chacune, fournissent autant de travail, dans le transport des moissons, qu'une voiture unique avec un attelage de trois chevaux. Voilà pour eux une économie d'un tiers en fait de chevaux, au moins en temps de moisson. Cette économie touchera peu la majorité de nos cultivateurs, car le chiffre de l'écurie est fixé beaucoup plus par les nécessités des cultures que par celles des transports en temps de moisson.

Il y a bien à la pratique anglaise l'objection du nombre des conducteurs. Mais cette objection n'embarrasse guère nos habiles voisins. Le cheval travaillant seul est mieux à son affaire, il fait plus souvent preuve d'intelligence, il peut suivre assidûment un chef de file, et il suffit d'un seul conducteur pour une suite de trois, quatre et cinq voitures. On peut les aller voir chaque année, cheminant sans malencontre pour personne sur les chemins les plus fréquentés de l'Ecosse et de l'Irlande. Ces réunions, paraît-il, seraient moins fréquentes en Angleterre.

Je n'insisterai pas davantage sur la pratique anglaise. Elle est trop éloignée de la nôtre pour que je vous engage à l'adopter, et il faudrait d'autres développements pour convaincre. Vous lui avez d'ailleurs donné raison déjà en multipliant dans vos exploitations agricoles les transports par tombereaux. C'est une amélioration qui se trouve suffisamment expliquée par ce qui précède et aussi par les avantages que vous y trouvez tant au chargement qu'au déchargement.

Les chariots du pays, sous le rapport des attelages, sont de deux sortes. Les chevaux sont attelés de front par deux ou par trois : c'est l'attelage flamand. Les chevaux, au nombre de quatre, sont attelés par groupe de deux. C'est l'attelage d'Artois ; usité aussi dans plusieurs parties contiguës à la province artésienne.

L'attelage flamand est préférable, personne ne le conteste. Le tirage des chevaux est plus régulier, et si on tient, comme c'est l'habitude, à former l'attelage des mêmes chevaux dans le même ordre, on amoindrit considérablement les inquiétudes réciproques des deux compagnons de travail, et je ne mets pas en doute qu'un conducteur entendu tire de ces deux chevaux le même parti que les Anglais savent en tirer en les isolant.

L'attelage à quatre chevaux est inférieur en mérite à l'attelage flamand. Le tirage est assez irrégulier, assez soumis aux soins plus ou moins assidus du conducteur pour qu'il soit inutile d'insister sur ce qu'il présente de défectueux. Il a cependant une raison d'être que je ne vois pas moyen de faire disparaître en conservant les chariots à quatre roues. Il faut à ces voitures dans les lieux où elles ont été conservées, une flèche pour les guider sur les pentes et il me parait difficile de ne pas attacher un attelage à son extrémité. Ce système d'attelage a d'ailleurs aussi son avantage en réduisant le nombre des conducteurs. C'est un véritable gain à propos des soucis que donnent le choix et la surveillance de ces aides de la culture.

Nous avons bien aussi, dans nos exploitations agricoles, de nombreuses voitures trainées par un seul cheval. Elles sont taillées à la mesure des cultures qu'elles desservent. Mais en réduisant leurs dimensions, on a laissé subsister les deux paires de roues. C'est un luxe dont les frais sont payés par un accroissement dans le tirage. Il m'arrive quelquefois d'espérer qu'un modèle gracieux de charrette, comme on en voit Outre-Manche, est destiné à succéder à ce tout petit chariot, qui paraît honteux de marcher à quatre roues.

Après avoir apprécié nos modes d'attelage, nous aurions beaucoup à dire sur les imperfections dans la construction des véhicules sur la négligence apportée dans l'appropriation des] harnais. Mais ce seraient paroles vaines tant que maréchaux, charrons et bourreliers ne se seront pas mis plus sérieusement à l'œuvre. Les hommes manquent aujourd'hui dans nos campagnes à l'industrie des instruments et des harnais C'est une belle carrière à prendre pour la génération qui s'élève. Les progrès à faire sont nombreux et le travail ne manquera pas. Mais il ne faut pas être impatient d'apprentissage. Il ne faut pas s'ingénier à créer des modèles nouveaux dont la vogue est incertaine. Il faut accepter et reproduire les bons modèles qui ont leur réputation faite. Ils ne manquent pas dans les exploitations d'élite. Ils ne manquent pas dans l'industrie, si avancée en France, de la carrosserie.

## LES MACHINES A BATTRE.

En fait de pratiques universellement adoptées pour l'égrenage des épis, il ne paraît pas y en avoir de plus ancienne que le dépiquage. Sur une aire circulaire, suffisamment dressée et consistante, des bœufs, des mulets et des chevaux, sont tenus à suivre un chemin tracé en rond comme dans un manége. Des gerbes sont déliées et étalées sur ce parcours. Les épis sont froissés par les pieds des voyageurs dociles. Le grain quitte son étui. Il a fait un premier pas vers sa destination dernière. Le dépiquage est encore la pratique générale dans le midi de la France, en Italie, en Algérie, en Espagne, etc. On ne sait pas dire si cette pratique a jamais pris pied dans nos contrées du Nord. On a bien cherché dans l'agriculture romaine à remplacer par des rouleaux convenablement mariés à supprimer l'emploi des animaux, mais les essais n'ont pas été couronnés de succés.

L'égrenage par le fléau était devenu la pratique générale des contrées du Nord de l'Europe aux douzième et treizième siècles. On en trouve la preuve dans les dessins inscrits sur les manuscrits de cette époque, mais on ne sait rien sur la date de naissance pour cette pratique. Elle a régné d'une manière exclusive dans les mêmes contrées jusqu'à l'invention de la machine à battre en 1784.

Il y a cent ans, la journée était divisée en deux parties égales par le travail du battage et du vannage. La matinée jusqu'à midi était consacrée à l'égrenage par le fléau, et il ne fallait pas moins que tout l'après-midi pour séparer le grain de la paille. On n'avait pour faire ce travail qu'un instrument qui disparaît de plus en plus, et qui était connu sous le nom de van. Il porte aujourd'hui le nom de *petit van* depuis qu'il lui est venu un frère plus habile et plus grand que lui. Le prix fort anciennement arrêté pour obtenir par le battage un hectolitre de blé nous démontre suffisamment que chaque ouvrier par jour produisait à peine un hectolitre de blé.

Dans la seconde moitié du siècle dernier l'agriculture, dans le voisinage d'Edimbourg, prit un développement et une supériorité dont elle n'est pas déchue. On y avait salué l'arrivée du Tarare et on se mit à l'œuvre pour lui chercher un compagnon de travail qui fut digne de lui. En 1784, un inventeur, du nom de Mikle, produisit enfin un égréneur dont le mérite fut aussitôt apprécié. La batte du fléau quitta son manche pour aller se fixer parallèlement à un axe porté sur des coussinets. Cet axe étant mis en mouvement la batte exécutait une succession de révolutions. Elle avait échangé son mouvement alternatif contre un mouvement de rotation, et elle devait égréner les épis dans sa seconde position comme dans la première Il n'y avait qu'à les lui présenter. C'est ce qu'on fit, même en France. On ne tarda pas à constater que la paille toute entière avec ses épis pouvait être admise à s'engager entre la batteuse et une portion de surface cylindrique qui fut appelée le contrebatteur. On avait créé l'âme d'un nouvel instrument. C'est celle de toutes les machines à battre. Elle n'y fait pas plus défaut que les aîles dans le moulin à vanner, et vous êtes très autorisés à lui donner le nom de moulin à battre. Tout le monde également finira par l'adopter.

Le batteur au fléau doit être plein de vigueur et de courage. Il doit être soigneux et dévoué. Son travail est une œuvre de confiance. Les hommes qui se sentent capables d'une pareille œuvre se retirent aujourd'hui de nos exploitations rurales. Ils ont tout ce qu'il faut pour réussir dans de petites entreprises de culture. On ne peut pas les blâmer sur leur détermination.

Le cultivateur en est réduit à s'accommoder des premiers ouvriers qu'il rencontre. Il ne peut pas compter sur eux ni pour la perfection du travail, ni pour la durée du service? C'est une surveillance et une inquiétude continuelles et le travail est assez lent dans ses progrès pour leur assurer à toutes deux une durée désespérante.

Mettez en parallèle le travail de la machine à battre. Il vous suffira d'un ouvrier de confiance sur sept ou huit ouvriers qui vous seront quelquefois nécessaires. Les ouvriers seront faciles à trouver. Vous aurez d'ailleurs fait en un jour autant de travail que vous en auriez fait en huit jours avec trois ou quatre batteurs au fléau. Vous aurez abrégé d'autant vos soucis et vos peines. Ce n'est pas à dédaigner.

La machine à battre a sans doute les inconvénients de toutes les machines. Ses organes ont quelquefois besoin de réparations. Mais ces inconvénients ont peu d'importance s'ils sont comparés aux avantages qu'elle procure. On peut consulter à cet égard tous les cultivateurs qui l'ont adoptée.

## VAN ET MOULIN A VANNER, CRIBLES.

Le mot *van* est d'origine romaine. C'était le nom d'un instrument qui servait au nettoyage des grains. C'est la seule information qui nous ait été laissée sur son compte, et nous ignorons tout à fait sa forme.

Nous en avons fait notre mot *vanner* pour l'appliquer à l'action de séparer le grain de ses balles, qui constituent la courte paille. Le même travail dans l'agriculture romaine portait le nom de ventilation, et cette appellation était parfaitement appropriée à la méthode universellement adoptée pour faire la séparation du grain et de la courte paille.

L'agriculture romaine avait son siége dans le périple de la Méditerranée. Cette belle mer, pendant les heureux mois de juin, juillet, août, ne cesse pas de réfléchir un ciel d'azur, tandis que ses flots sont mollement bercés par la tiède haleine d'une brise légère. Ce serait un travail superflu que de remiser ses récoltes sans les avoir égréner. C'est l'opinion bien fondée des générations présentes et ce fut aussi l'opinion des illustres aïeux. Une aire est dressée dans la pièce de terre. On y dépique toute la récolte et on extrait le grain mélangé de sa courte paille tandis que la longue paille s'en va dormir dans la remise. Puis, la pelle à la main, on projette le tas de grains, par petites portions, dans le courant d'air qui passe incessamment, Vous devinez le reste. La suspension du grain dans l'air est moins prolongée que celles de ses balles. Si le grain retombe déjà à 50 centimètres de l'ouvrier, les balles et la poussière vont tomber à la distance de deux et de trois mètres. La séparation est faite. Il ne faut pas aller plus loin que dans le midi de la France, au milieu des anciennes colonies romaines, pour assister à un pareil travail. C'est bien une ventilation. Il n'y avait pas à s'ingénier pour lui trouver une autre appellation.

Ce n'est pas sans intention que j'ai insisté sur cette pratique, car nous l'avons importée dans nos granges en y admettant le moulin à vanner. L'inventeur de cet admirable instrument, fût-il chinois, comme on le rapporte, a dû connaître la pratique de la ventilation, et il s'est proposé de produire à volonté le courant d'air qu'on trouve en permanence, sous un ciel sans eau, dans les heureux climats. Il a produit ce courant d'air par un instrument qui était neuf pour nous, à l'arrivée du moulin à vanner, et dont nous avons depuis lors multiplié les usages, en lui donnant le nom de ventilateur à force centrifuge. Ce ventilateur est représenté dans le moulin par l'arc armé de volants.

Toutefois, le courant d'air qu'il devait produire par le travail d'un seul homme ne pouvait pas être bien grand dans ses dimensions transversales. Il fallut rendre son travail plus facile au moyen d'un crible mobile qui ne lui abandonne, pour la selection, que le grain, les balles du grain et la poussière. C'est à l'expérience à prononcer sur la grandeur des mailles. Les mailles doivent être plus grandes pour les grains d'avoine, et il arrive fort heureusement que les balles d'avoine sont plus légères que les balles de blé, auquel cas on peut les abandonner plus nombreuses et plus mélangées de débris étrangers à l'action du courant d'air.

C'en est assez pour avoir fait comprendre le jeu de ce curieux instrument, je reviens à l'histoire des procédés de vannage.

Le van des Romains devait être un crible, suivant les historiens de l'agriculture, et c'est encore avec des cribles circulaires que nous séparons le grain de la paille ou des matières étrangéres dans la récolte des œillettes, dans celle du colza, etc. Il est à désirer que ces cribles cylindriques soient échangés contre des cribles cylindriques dans toutes les circonstances où c'est possible.

Le van d'osier, en forme de coquille, a été longtemps employé, d'une manière exclusive, dans nos régions du Nord. On ne connaît pas son origine et on ne le regrette pas. Nous n'avons pas à insister sur son compte.

## TARARES OU MOULINS A VANNER. — CRIBLES.

Les organes du moulin à vanner ne sont pas de tout point les mêmes en Angleterre et en France.

Dans la pratique française, la trémie, qui reçoit le produit brut de l'égrenage des épis, a la forme d'une pyramide renversée à quatre faces, ouverte vers le sommet par une trappe de forme carrée. C'est la forme qui promet l'écoulement le plus facile du produit que doit recevoir la trémie. Cependant, on eet conduit le plus souvent à faciliter cet écoulement en enfonçant la main dans la charge de la trémie, pour empêcher qu'il se forme une voûte au-dessus de la trappe. Le produit de l'égrenage est reçu sur un crible à peu près horizontal, animé d'uu mouvement circulaire alternatif autour d'un point opposé à la sortie qu'on veut ménager à ceux des produits qui ne traversent pas le crible. Ces produits sont versés sous la forme d'une nappe verticale dans le courant d'air que produit le moulin.

Dans la pratique anglaise, le crible n'existe pas, et notre forme de trémie ne peut pas convenir puisque la chûte des produits mêlés, grain et courte paille, se ferait sous la forme d'une masse peu favorable à l'action du courant d'air. La trémie des Anglais a la forme d'une auge à fond incliné et ouverte sur le long d'une arête qui occupe toute la largeur du moulin. Il y a contre cette ouverture, à l'extérieur, un cylindre cannelé mis en mouvement par la machine pour régler la distribution du mélange que contient la trémie et pour lui mieux assurer cette forme de lame verticale qui favorise si bien l'effet du courant d'air. Il y a d'ailleurs, comme chez nous, un crible à l'herbe et un plan incliné pour les *otons*.

Je n'ai pas été mis en position d'apprécier suffisamment le travail du moulin à vanner des Anglais pour le comparer au travail du nôtre. Mais sa simplicité plaît et aucun des deux ne conduit à sa perfection la préparation du grain. Il faut pour la parfaire ou le travail des cribles ou celui d'un instrument trop peu connu qui porte le nom d'écouffe dans quelques parties de l'Artois.

## *Ecouffe du pays d'Artois pour l'épuration du grain.*

L'écouffe est une forme du moulin à vanner qui ressemble tout à fait à la forme anglaise à part le cylindre distributeur qui devient inutile et qu'on supprime. La trémie est ouverte contre une arête horizontale, occupant le fond de cette trémie. L'ouverture est au-dessus de cette arête. Elle est transversale au moulin et elle occupe toute sa largeur.

Pour la mise en train, un ouvrier tient cette ouverture fermée en appuyant un linge contre elle à l'extérieur. On verse le grain dans la trémie jusqu'au point de la remplir. On met le moulin en mouvement et on abandonne l'ouverture. Le grain tombe sous la forme d'une belle nappe dont on a réglé l'épaisseur par la hauteur de l'ouverture.

Le courant d'air doit être plus rapide que dans le vannage ordinaire, et c'est sans doute en comparant cette rapidité à celle du mouvement d'air produit par l'écouffe, oiseau de proie nocturne, qu'on a fait le nom de cet instrument.

J'ai vu, par ce moyen, couper le blé jusqu'au cinquième lorsqu'on voulait obtenir de bonnes semences. Le cinquième retrouvé à la place des otons avait d'ailleurs son emploi dans l'alimentation. On couperait davantage encore si on y tenait.

On voit que le volume du grain a peu d'influence dans ce mode de sélection. Les grains bien venus, ayant acquis toute leur maturité, sont les plus lourds et seront les seuls à prendre la bonne voie. Les vescerolles (graines du lathyrus aphaca) et quelques autres graines sont aussi lourdes que le bon blé, sous le volume d'un hectolitre; elles passeront avec lui, mais à la condition qu'elles aient acquis leur maturité en même temps que le blé, et c'est la grande minorité. Cela explique pourquoi on trouve la grande majorité de ces graines dans le blé de rebut.

On a préconisé et on emploie avec avantage la méthode de M. Schuzenbach pour faire la sélection des betteraves porte-graines au moyen de l'eau salée, en rebutant celles qui flottent pour ne prendre que celles qui plongent. L'emploi de l'écouffe, dans la sélection des grains pour semences, est une méthode tout à fait pareille. Mon père a pu, en employant cette méthode, ne pas renouveler sa semence de blé depuis plus de trente ans, sans cesser d'avoir des récoltes saines et de présenter toujours au marché d'Arras une des meilleures graines qu'on y trouve.

L'écouffe est encore employée avec avantage pour enlever leur poussière aux graines grasses, aux œillettes, aux colzas, aux linuisses, aux camélines. La graine récoltée et séparée de sa paille est passée à travers un crible spécial pour chaque graine, puis elle est soumise au travail de l'écouffe.

L'emploi de l'écouffe est sans doute aussi ancien que celui du moulin à vanner, et je suis surpris qu'il soit si peu connu. Je suis tenté d'attribuer son emploi autour d'Arras, à l'importance depuis longtemps établie du marché aux grains de cette ville. J'ai des raisons pour croire qu'on épurait les grains autour d'Arras depuis longtemps déjà lorsque l'écouffe a été introduite, car on trouvait encore remisés, il n'y a pas longtemps, dans tous les greniers des vieilles fermes, des criples cylindriques, dont l'emploi avait précédé celui de l'écouffe. On avait été unanime pour préférer ce dernier instrument au premier.

## CRIBLES ET TRIEURS.

Il faut remonter jusqu'à l'époque des Romains pour trouver l'étymologie du mot crible, et je suis bien tenté d'assigner la même étymologie, jusqu'à plus ample information, à celui de nos cribles que nous appelons *crule*. Nos ancêtres étaient sans doute assez malhabiles dans la langue de leurs vainqueurs pour s'écarter un peu plus de l'étymologie romaine. Tout porte à croire d'ailleurs que cette espèce de crible a été importée dans les Gaules par les Romains. Il y était infiniment plus utile que dans la campagne de Rome, parce que l'inclémence du ciel était un obstacle continuel à la ventilation en plein air pour séparer le grain de la paille.

Tout le monde connaît l'étymologie du nom Trieur. Ce nom peut être appliqué à tous les cribles, puisqu'ils sont tous employés pour trier les grains. Il faut cependant convenir que l'usage, ce grand maître en fait de langue, applique cette appellation de préférence aux cribles cylindriques, destinés à la dernière épuration des grains. Leur travail correspond à celui qui se fait encore dans nos petites fermes bien tenues, où l'on voit la famille assise autour d'une table chargée de grains de blé, et s'occupant à trier les plus gros grains pour en faire la semence de la prochaine culture.

Nous avons aujourd'hui les cribles plats et les cribles cylindriques.

La conduite du crible plat, pour séparer le grain de la paille, n'offre pas de difficultés sérieuses parce qu'il suffit de produire dans la charge du crible une espèce de mouvement intime pour assurer le départ du grain, dont le poids, spécifiquement plus grand que celui de la paille, lui fait gagner la région basse de la charge.

La conduite du crible plat, lorsqu'il est employé comme trieur, offre une difficulté plus grande. Il s'agit de faire le départ des graines, plus ténues, et spécifiquement moins lourdes, que le mouvement intime de la charge tend constamment à repousser dans la région haute à l'opposite des trous par lesquels on désire qu'elle passe. Il faut que le mouvement gyratoire soit tel qu'il ramène continuellement à la base du tas ce qui en formait tout à l'heure le haut dans la région voisine. Le bon emploi du crible plat pour cet usage parait, et avec raison, si difficile, qu'il devient la spécialité de quelques hommes intelligents, connus dans nos campagnes sous le nom de *pureurs*. Ils sont appelés chez les cultivateurs pour y travailler à la tâche à l'épuration des graines pour semences et des graines pour le marché.

Le crible cylindrique ou plûtot le crible conique avait précédé l'arrivée du moulin à vanner. Il était formé par des fils de fer et avait pris le nom *queue de rat* sans que je puisse vous édifier sur l'étymologie de cette appellation. Il nous était venu d'Allemagne et j'ai déjà dit qu'on le rencontre encore, à l'état de meuble oublié, dans les greniers des vieilles fermes de l'Artois. Ce crible a été ressuscité, sous des formes variées, pour prendre place dans le nouveau matériel de l'agriculture et j'ai applaudi pour ma part à sa résurrection. Je me souvenais d'avoir assisté, dans mes jeunes années à une grande perplexité de mon père à propos d'une préparation de blé pour semence, préparation qui n'avait pu être menée à bonne fin qu'en reprenant sous les toiles d'araignées la queue de rat des temps passés. L'année avait donné beaucoup de *vescherolles* ou *pois-de-loup* (graines du Lathyrus aphaca) et mon père tenait à sa variété de blé. Il fallait faire le départ des vescherolles. Le tarare, quoique parfaitement conduit, était impuissant comme il l'est toujours en pareil cas. Le départ fut fait par la queue de rat. Que cela soit dit en passant pour appeler sur les cribles cylindriques l'attention qu'ils méritent.

Je remets à un autre jour le mouvement du grain dans ces espèces de cribles.

## LES COUPE-RACINES.

Il ne faudrait pas encore remonter d'un siècle dans l'histoire de l'agriculture pour assister à l'introduction des racines dans l'alimentation du bétail. C'est encore aux cultivateurs de l'Ecosse qu'il faut rapporter le mérite de cette heureuse innovation. Tandis que les navets, sous le nom de turneps, étaient admis dans les cultures écossaises pour une destination nouvelle, la culture de la pomme de terre prenait, en France, sous l'impulsion de Parmentier, le développement qu'elle méritait si bien. Elle se montra si facile et si rémunératrice dans ses produits qu'il ne fallut pas un grand effort d'intelligence pour saisir le parti qu'on pouvait tirer de ses tubercules dans l'alimentation du bétail, Si les tubercules de la pomme de terre ne sont pas, à proprement parler, des racines, ils sont souterrains comme elle, ils ont une composition similaire. Il est permis de rapprocher les deux époques de l'introduction des navets et de l'introduction des tubercules de pommes de terre dans l'alimentation du bétail.

Cependant les guerres de la République et du premier empire étaient arrivées à nous priver de sucre exotique, il fallut créer le sucre indigène. La culture de la betterave fut imposée. C'est un fait au moins pour le Pas-de-Calais ; je ne l'ai pas vérifié pour d'autres lieux. La disette du sucre avait fait imposer la nouvelle plante. Je ne vois pas d'autre origine au nom *disette* que cette plante a porté dans nos cantons jusqu'à ce que les fabricants aient fait prévaloir son véritable nom.

Mais les fabriques ne s'installaient pas avec la même aisance que les cultures. Il fallut tirer parti de la nouvelle racine pour d'autres usages que pour la fabrication, Elle fut ajoutée à la nourriture du bétail, et on se trouva satisfait de cet emploi.

Les fabriques ont fini par réclamer leur racine sucrée en nous exagérant les qualités nutritives de leurs pulpes. Le son, s'il avait fallu croire certains articles, allait valoir mieux que la farine. Les meuniers ont dû sourire à tant de hardiesse. Ils étaient dépassés.

On sait à quoi s'en tenir aujourd'hui sur l'emploi de la

pulpe. Elle a sa place dans l'alimentation. Mais il y a aussi une place pour la betterave dans les nombreuses exploitations où l'on ne fait pas l'engraissement. Il faut lui rendre largement cette place que la pulpe a trop réduite. Vous imiterez, dans le retour à cette pratique, plusieurs bons cultivateurs. La culture des betteraves à l'adresse du bétail peut nous assurer en France les grands avantages que les Anglais trouvent dans la culture de leurs turneps.

Cela posé. le coupe-racines dans une ferme aura pour destination de diviser les racines de betteraves, les racines de navets, les racines de carottes, les tubercules de pomme terre, si la culture de cette plante redevient productive comme la récolte de 1862 peut le faire espérer.

Certaines formes de cet instrument permettront aussi la division des fourrages verts, lorsque leurs tiges seront devenues assez dures pour qu'il y ait profit à faire cette division, Les tiges des betteraves montées, les tiges des choux cavaliers, les sorghos, les maïs, certains seigles verts, etc., pourront être utilement coupés. On se livrera de plus en plus à une pareille division à mesure qu'il y aura progrès dans l'agriculture. Mais revenons aux racines.

S'il s'agit des vaches ou des chevaux, les racines seront coupées par plaques qui n'ont pas un centimètre d'épaisseur. Et qu'on ne soit pas surpris si je mets les chevaux à côté des vaches pour l'alimentation par les racines. La racine de betterave entre avec avantage dans la ration d'hiver pour ceux de nos chevaux auxquels il n'incombe que des travaux de culture. J'en connais une bonne expérience. S'il s'agit des moutons, il faudra préférer la division en rubans dont la largeur sera plus ou moins grande, par rapport à l'épaisseur, sans qu'il y ait une grande différence entre les deux dimensions.

Les formes des coupe-racines sont trop variées dans tous leurs organes pour qu'il y ait intérêt à s'engager dans leur description.

Le coupe-racines le plus répandu est celui qui a été adopté par M. Champonnois dans la division des betteraves pour sa fabrication d'alcool. Ses organes principaux sont : 1° un disque de fer vertical tournant par l'impulsion d'une manivelle autour d'un axe horisontal passant par son centre. Il est évidé suivant trois rayons équidistants. 2° Une trémie fixée au-dessus de l'axe pour recevoir les racines qui sont admises à s'appuyer contre la demi-circonférence supérieure du disque. 3° Des couteaux disposés sur le disque contre les parties évidées vers la trémie. Les parties séparées des racines par les tranchants des couteaux sont admises à sortir de la trémie par les parties évidées du disque. Cet instrument se rencontre à toutes les exhibitions agricoles. C'est la forme la mieux appréciée pour les racines.

On rencontre, mais plus rarement, des instruments plus simples, dont on a pris l'idée, tantôt dans l'appareil à hacher le tabac qu'on trouverait bien encore dans les recoins obscurs de quelques greniers, mais il faut le dire tout bas, tantôt dans le couteau à plusieurs lames employé par ceux qui font les cossettes de chicorée. Ces derniers instrumenst peuvent être employés également pour la division des tiges vertes.

## LES HACHE-PAILLE.

On n'avait jamais coupé les fourrages pour l'alimentation du bétail il n'y a pas plus d'un siécle. On les coupe aujourd'hui dans toutes les exploitations bien tenues et on se flatte, en adoptant cette pratique, de réaliser un progrès, tant dans l'économie que dans la bonne hygiène de l'alimentation. Les controverses n'ont pas manqué pour contester et pour défendre cette opinion. Elles ont conduit à des expériences dont les résultats ont été d'accord avec la plus saine appréciation de cette pratique. C'est un progrès incontestable que de couper les fourrages. Personne n'en doute plus et si ce n'était la paresse qui nous retient dans les sentiers battus, il ne se consommerait plus dans nos contrées une livre de fourrage qui n'ait passé par le hache-paille.

Nous sommes arrivés dans notre monde agricole à une époque critique expliquant cette paresse sans la justifier. L'ouvrier des champs est devenu impatient du travail qu'il est conduit à faire dans les exploitations d'autrui, et le cultivateur est rendu tout aussi impatient par le mauvais vouloir auquel il n'a pas été habitué dans son jeune âge. On comprend alors que ce cultivateur hésite à augmenter le personnel de ses ouvriers pour pratiquer la nouvelle manipulation des fourrages. Il ne conteste pas l'économie de ce nouveau travail, mais il en fait le sacrifice pour s'assurer plus de tranquillité d'âme. Aussi qu'arrive-t-il à l'endroit de nos hache-pailles? Ce n'est pas dans nos grandes fermes qu'il faut les chercher surtout, c'est dans les petites exploitations où tout le travail se fait par les membres de la famille.

Sans être parfaitement édifiés sur l'époque précise à laquelle il faut faire remonter l'introduction des fourrages hachés dans l'alimentation des chevaux et du bétail de la ferme, nous savons que, pendant les guerres du premier empire, nos armées ont rencontré cette pratique dans quelques coins de l'Allemagne et en Pologne. L'instrument des Polonais n'était autre que le hache-paille à disque que nous connaissons dans nos concours sous le nom de hache-paille anglais parce qu'il a toujours une place dans les collections d'instruments venus d'Angleterre. Le hache-paille nous est venu de la Pologne avec toute la perfection qu'il comporte encore aujourd'hui sans omettre la bascule qui régularise la pression du second cylindre alimentaire. Elle a pu être oublié à une époque par certains constructeurs, mais elle a été retrouvée par des constructeurs plus entendus, et un acheteur doit toujours insister pour que son instrument ne soit pas privé de cet organe.

Il ne faut pas dans la dénomination de cet instrument attacher trop d'importance au mot *disque*, puisque le volant qui porte ce nom est une simple roue parfaitement évidée portant deux couteaux légèrement courbés qui vont du centre à la circonférence

Le second hache-paille de nos contrées est le hache-paille à tambour ou à cylindre, qui est d'invention française. Sa construction a été imaginée après l'introduction du hache-paille polonais, par l'ingénieux Molard, qui fut un des premiers conservateurs du Conservatoire des Arts et Métiers à Paris. Ce serait justice d'appeler cet instrument hache-paille Molard. Les couteaux, au nombre de trois, sont inclinés de 35 degrés environ sur une parallèle à l'axe de rotation, et la courbure qu'on leur donne doit être telle que le fil de chaque tranchant vienne raser à la même distance le seuil de la table d'alimentation. Il est d'ailleurs bien entendu que les tranchants des couteaux dans les deux hache-paille dont il a été question seront toujours en saillie légère vers la table d'alimentation afin d'éviter le frottement de la lame sur la paille après le passage du fil de la lame. Il faut prendre garde à conserver cette condition lorsqu'on avive les tranchants. Pour ce qui est de la comparaison à établir entre le hache-paille polonais et le hache-paille Molard, l'expérience n'a fait prévaloir d'une manière absolue aucun des deux instruments. Ils sont admis à se répandre parallèlement dans les exploitations agricoles sans qu'on trouve rien à reprendre aux choix qui ont été faits.

La manipulation qu'on fait subir à la paille et aux fourrages pour les couper ne manque pas d'en détacher une poussière dont il est bon de déterminer le départ. C'est une bonne occasion d'améliorer le fourrage, il ne faut pas la laisser perdre. On obtient plus ou moins le départ de la poussière par des plans inclinés faisant office de secoueurs, mais il sera toujours mieux de recevoir le fourrage haché dans un crible cylindrique incliné assez large dégorgeant le fourrage pas son extrémité basse et dont le mouvement ne sera pas assez rapide pour tenir le fourrage appliqué contre les parois. Ce fourrage est alors secoué et divisé par les traverses du crible et il laisse au moins tomber ses matières terreuses qui sont les plus redoutables. Une chambre de mauvaise toile doit d'ailleurs renfermer ce crible.

Il y a quelques autres formes de hache-paille. Mais elles n'ont pas prévalu jusqu'ici sur le hache-paille à disque et sur le hache-paille à tambour dont il vient d'être question. Elles sont d'ailleurs moins appropriées à toute espèce de fourrage. Il devient inutile d'insister sur leur compte.

## CONCASSEURS, BROYEURS, APPLATISSEURS DE GRAINS.

Il ne faudrait pas remonter bien loin le cours des âges pour rencontrer l'idée de faire subir à l'avoine des chevaux une manipulation propre à faciliter sa digestion. On savait depuis toujours qu'une partie des grains d'avoine, ingérés dans l'estomac du cheval, échappe à la digestion. Plusieurs de ces grains se retrouvent intacts et visibles pour tout le monde dans les excréments de l'animal. Mais à côté de ce fait il y avait aussi depuis toujours un autre fait parallèle, celui de la dépréciation constante du prix de l'avoine. La moindre manipulation pour lui assurer une digestion plus complète n'aurait jamais été payée par le bénéfice à faire sur la ration d'avoine. Il n'y avait pas à y penser. L'avoine, il est vrai, se semait et se récoltait à cette époque, mais Dieu sait dans quelles conditions, au rapport de nos pères. Ce n'était pas beaucoup plus qu'une plante adventice.

Cependant le progrès se fit dans nos cultures et l'avoine s'éleva au rang des plantes franchement cultivées avec un prix rémunérateur de sa culture, Les allées et venues des populations augmentèrent en même temps et chacun de nous sait encore l'étendue des écuries de nos maitres de postes avant que l'année 1845 vint nous apporter les chemins de fer. Les chevaux de ces écuries faisaient une ample consommation d'avoine. Il importait qu'elle fût entièrement digérée. On imagina de la cuire. Je sais que cette méthode a été soumise à une bonne expérience comparative chez un de nos bons maîtres de poste. La ration resta la même. La digestion fut complète d'après l'inspection des excréments], mais les jambes manquèrent plus vite, entre deux repas, à ceux des attelages qui recevaient la ration cuite.

Ce résultat, tout étrange qu'il paraisse, n'était que conforme à l'organisme animal. Ces lois disent : les repas de l'animal seront tellement distribués que la digestion exige, pour la parfaire, tout le temps qui s'écoule entre deux repas consécutifs. Si la digestion est trop rapide, l'aiguillon de la faim se fait sentir. il y a prostration plus ou moins sensible dans l'organisme. La digestion était accélérée à contre-temps dans notre expérience par l'emploi de l'avoine cuite. C'était une solution incomplète dans la question qui nous préoccupe. D'un autre côté, on déterminait par la cuisson le départ de l'arôme qui a son siége dans l'écorce du grain comme on le fait avec intention pour le poison que contient la racine féculente du manioc. Et cet arôme a son prix puisqu'on lui attribue la supériorité de l'avoine sur l'orge pour l'alimentation des chevaux dans les climats froids.

Après avoir été battu sur le terrain de l'avoine cuite, on trouva, pour se poser, le terrain de l'avoine concassée.

L'âme des *concasseurs* fut constituée par la réunion de deux cylindres cannelés, tournant en sens contraire. La main d'un homme suffisait pour le mettre en mouvement tandis qu'une trémie lui faisait son alimentation de graines d'avoine. Chaque graine était divisée en plusieurs tronçons ou segments. Il y avait plus de prise pour l'action digestive. C'était un progrès, il y avait mieux à espérer, et les plus habiles ne tardèrent pas à trouver ce mieux dans la manière elle-même d'employer le nouvel instrument.

Imprimez au concasseur un mouvement rapide et vos tronçons ou segments de la graine, au lieu de conserver la forme plus ou moins arrondie de cette graine, vont se présenter sous une forme écrasée ou applatie dont le mérite est incontestable pour la digestion. Cette manière d'employer le concasseur a fait naitre le nouvel instrument qu'on nomme *applatisseur de grains*. L'âme de l'instrument est encore composée de deux cylindres jumeaux, mais ces cylindres ne sont plus cannelés. L'instrument ne divise plus la graine mais rien n'échappe à l'applutissement. Seulement il exige l'emploi d'une grande force, et, si on voulait la réduire aux dimensions que peut comporter le travail d'un homme, son débit serait très réduit. En attendant qu'on puisse disposer, dans une exploitation agricole, d'une force assez grande pour y admettre l'applatisseur, il ne peut être qu'utile et économique d'y introduire le concasseur de grains.

## APPAREILS POUR CUIRE LA NOURRITURE DES ANIMAUX DE LA FERME.

Il est également vrai, que pour l'engraissement à l'étable des sujets de la race bovine, qu'on obtient plus d'effet avec des aliments cuits qu'avec les mêmes aliments crus. Mais la différence entre les effets produits n'est plus aussi grande que pour la race porcine. Elle n'a pas assez de valeur pour couvrir les frais de la cuisson et les soucis qu'on se crée en adoptant cette pratique n'ont pas leur récompense. Ces frais sont acquis à la pratique de l'engraissement. C'est la dernière expression des résultats obtenus dans les nombreuses expériences suscitées pendant l'année 1855, par la Société écossaise d'agriculture. Les aliments employés dans ces expériences ont été les turneps ou navets anglais, les pommes de terre et des grains concassés de féverolles, d'orges et d'avoine. En dehors de ces matières il y a encore place pour des expériences, mais il faut attendre avant de rien changer aux conclusions que nous avons énoncées.

Pour ce qui est de la race ovine, son appétence pour les aliments crus est tellement incontestée qu'il n'a pas été établi d'expérience pour apprécier par comparaison l'influence des aliments cuits.

Il résulte suffisamment de cette exposition qu'il ne faut recommander l'emploi des aliments cuits, dans une exploitation rurale, que pour l'engraissement des porcs et pour un plus grand profit à tirer des vaches laitières.

Ces préliminaires, quelques longs qu'ils aient été, devenaient indispensables pour fixer les idées de chacun sur l'utilité et sur l'importance des appareils qu'il pouvait joindre avec avantage à son matériel agricole pour cuire les aliments destinés aux animaux de la ferme. Ce point n'était pas le moins important. Je viens à la nature des appareils eux-mêmes.

Nous avons dans l'ordre historique l'emploi des chaudrons ou des chaudières et l'emploi de la vapeur.

Dans les chaudières la chaleur passe du foyer au métal du métal à l'eau et de l'eau aux aliments qu'on y a déposés et qu'elle embrasse. On fait ainsi des soupes plus ou moins épaisses dans lesquelles on peut introduire des balles de blé, de la paille haché, des balles de lin, etc. La chaudière est d'ailleurs fermée pendant l'opération et l'ébullition n'a pas besoin d'être continuée si le feu n'est pas conduit trop rapidement. Il y a peu de chaleur perdue par l'évaporation. Un massif peu coûteux enveloppe d'ailleurs la chaudière et prévient les pertes de chaleur par voie de rayonnement.

Il faut redouter dans ces chaudières la formation des dépôts et ils s'y produisent souvent parce qu'on conduit trop vivement le feu. Il faut l'œil du maître à cet endroit. Il n'est pas toujours impossible d'enlever le dépôt avec un ciseau. L'éventualité de ce dépôt fait invariablement proscrire le cuivre dans la construction de ces chaudières. Sur le cuivre le dépôt se fait plus vite et puis le métal se brûle sous le dépôt. Une chaudière de cuivre ne dure pas. C'est un vase de fonte qu'il faut employer. La fonte chaude peut se fendre. il est vrai, lorsqu'on y dépose de l'eau froide après une première pour en préparer une soupe seconde, mais il suffit, pour éviter un pareil danger, de prélever de l'eau chaude dans la soupe qu'on vient de lever afin de la remettre dans la chaudière. Il y a ensuite moins de danger à compléter la charge avec de l'eau froide.

Dans la cuisson par la vapeur, la chaleur passe du foyer à la chaudière génératrice de vapeur et du métal de cette chaudière à l'eau qu'elle contient pour la réduire en vapeur. Puis cette vapeur est conduite sur les aliments que l'on veut cuire et qu'on peut renfermer dans des caisses ou cuves de bois.

Il faut tout autant de chaleur pour cuire les aliments, que cette chaleur leur soit donnée par l'eau liquide ou par la vapeur. Il n'y a pas d'incertitude à cet égard, On ne voit pas jusque là le mérite de la vapeur. Voici les circonstances dans lesquelles il y a mérite. Vous avez une grande masse d'eau à chauffer quotidiennement ; il vous faudrait, pour les chauffer, une grande chaudière et un grand foyer. Il y a aisance et profit à faire votre installation avec une petite chaudière à vapeur qui utilisera mieux la chaleur de votre combustible et avec des cuves pour renfermer l'eau que votre vapeur ira chauffer. On n'établit pas une chaudière à vapeur pour chauffer simplement dans une journée un volume d'eau qui serait seulement trois ou quatre fois aussi grand que le volume de la chaudière elle-même. Les écuries de vaches laitières nourries à l'étable sont trop peu nombreuses en sujets dans une exploitation rurale pour rendre avantageuse une installation de cuisson par la vapeur. Cela explique suffisamment le peu d'entraînement de nos cultivateurs vers une pareille installation. La drêche de nos brasseurs est d'ailleurs un aliment cuit que nos laiteries savent employer à propos. Toutefois, pour le cas où l'on voudrait tenter un pareil mode de cuisson, nous pouvons recommander à l'attention du public deux chaudières qui ont été distinguées par des primes au concours régional d'Arras en 1862 et qui ont été imaginées, l'une par M. Debièvre, constructeur à Lille d'instruments d'agriculture, l'autre par un autre constructeur de la même ville dont on retrouverait le nom dans le programme des récompenses du même concours. Ces chaudières ont le mérite d'être aussi simples que possible et de porter leur foyer, ce qui rend leur installation excessivement facile. Ces deux chaudières sont sans contredit les modèles les mieux appropriés qu'on ait rencontrés dans nos concours.

Faut-il cuire les matières destinées à l'alimentation des animaux dans les exploitations rurales? Voilà une de ces grandes questions que la théorie seule est impuissante à résoudre et dont la solution doit être aussi complexe que les objets mêmes auxquels elle se rapporte.

Pour les chevaux on est à peu près fixé. Il leur suffit d'une nourriture hachée à la longueur d'un centimètre s'il s'agit de pailles et de fourrages et d'une avoine simplement aplatie. Il est bon de mélanger ces aliments d'une manière intime, d'y joindre de la poussière de tourteaux, d'humecter légèrement les mélanges et de l'abandonner 48 heures dans une cuve fermée par un couvercle. Il se développe dans ce mélange une espèce de fermentation qui est employée avec avantage dans nos exploitations modèles et qu'on peut recommander en toute confiance. Il n'y aurait pas d'avantage à la cuire comme il a été dit précédemment à propos de l'avoine, après expérience faite, parce que la digestion se ferait trop rapidement, parce qu'elle ne prendrait pas, pour se faire, tout le temps qui s'écoule entre deux repas consécutifs dans la coupure des travaux comme nous avons l'habitude de le faire. Il y a plus, la coction de l'avoine lui enlèverait, comme elle l'enlève aux plantes, dans tous les cas, cette huile précieuse qui constitue un excellent tonique.

En passant de la race chevaline à la race porcine on n'a comme la première, qu'un seul estomac, nous trouvons aussi une solution toute acquise. On est unanime pour reconnaître qu'il lui faut des aliments cuits.

Les expériences n'ont d'ailleurs pas manqué pour mettre ce fait en relief. J'en citerai deux.

En l'an 1833, dans une ferme anglaise, on prit cinq porcs de deux mois et demi pour les nourrir avec des pommes de terre cuites et avec de l'orge concassée également cuite. On séquestrait en même temps un lot de cinq porcs semblables aux précédents pour les nourrir avec des aliments de même nature et de même poids mais absolument crus.

Le premier lot pesait à l'origine en kilogrammes 47 70 et, après une alimentation de cent jours à la nourriture cuite, son poids s'était élevé à kil. 124 15. L'augmentation de poids pour chaque bête se trouvait ainsi établie à kil. 15 325.

Le second lot pesait à l'origine kil. 48 60, et après une alimentation de même durée à la nourriture crue, son poids s'était élevé à kil. 95 85. L'augmentation de poids pour chaque bête se trouvait ainsi établie à kilogrammes 10 35.

Ce résultat ne peut pas laisser de doute sur le mérite de la nourriture cuite.

Pendant la même année 1833, et dans une autre exploitation rurale, on instituait une expérience pareille avec deux lots composée l'un de six porcs mâles, l'autre de cinq coches. Tous ces animaux étaient âgés de neuf semaines et ils avaient été coupés.

Le premier lot ne reçut que des aliments cuits, pommes de terre et féveroles concassées et en 110 jours, l'accroissement de chaque sujet fut en kil de 40 5.

Le second lot ne reçut que des aliments crus et de même nature et poids, et en 110 jours, comme pour le premier lot, l'accroissement en kil. de chaque sujet ne fut que de 22 5.

La nécessité de cuire les aliments pour le meilleur engraissement des porcs n'apporte pas avec elle les mêmes inconvénients que pour d'autres animaux, parce qu'on peut leur servir des aliments devenus acides et qu'il est même avantageux de le faire suivant certains auteurs très compétents. Les expériences nous manquent pour résoudre complètement cette seconde question.

Dans la race bovine, il y a, à propos des aliments cuits ou crûs, une distinction à faire entre les vaches laitières et les sujets soumis à l'engraissement.



Douai. — Imp. L. Crépin, rue des Procureurs, 30 et 32.

www.ingramcontent.com/pod-product-compliance
Ingram Content Group UK Ltd.
Pitfield, Milton Keynes, MK11 3LW, UK
UKHW022123260726
13993UKWH00003B/1206

9 782329 353159